金属–载体界面活性位点的构筑及其绿色、低碳催化醇氧化应用

雷丽军　著

中国原子能出版社

图书在版编目（CIP）数据

金属-载体界面活性位点的构筑及其绿色、低碳催化醇氧化应用 / 雷丽军著. --北京：中国原子能出版社，2023.6

ISBN 978-7-5221-2775-0

Ⅰ．①金…　Ⅱ．①雷…　Ⅲ．①醇化物–催化剂–研究　Ⅳ．①O623.42

中国国家版本馆 CIP 数据核字（2023）第 164388 号

金属－载体界面活性位点的构筑及其绿色、低碳催化醇氧化应用

出版发行	中国原子能出版社（北京市海淀区阜成路 43 号　100048）
责任编辑	张　磊
责任印制	赵　明
印　　刷	北京金港印刷有限公司
经　　销	全国新华书店
开　　本	787 毫米×1092 毫米　1/16
印　　张	9.125
字　　数	169 千字
版　　次	2023 年 6 月第 1 版　2023 年 6 月第 1 次印刷
书　　号	ISBN 978-7-5221-2775-0　　定　价　75.00 元

网址：http://www.aep.com.cn　　　　E-mail：atomep123@126.com
发行电话：010-68452845

作者简介

雷丽军，男，汉族，1989 年 4 月出生，山西长治人，博士研究生学历，现为中北大学能源与动力工程学院讲师。2019 年 6 月毕业于中国科学院大学物理化学专业（硕博连读），2019—2021 年为中国科学院大连化学物理研究所博士后。2014 年至今，一直在能源化学领域从事能源催化转化相关的工作，主要研究生物质醇类、甲醇、芳香醇等的转化，尤其对醇类的低温、高效催化方面有比较深入的研究。近年来，先后主持国家自然科学基金（22202184）、山西省基础研究计划项目（202103021223178）各 1 项，在 *ACS Catalysis*、*Journal of Materials Chemistry A*、*Catalysis Science and Technology*、*ACS Applied Nano Materials* 等权威学术期刊发表论文 10 余篇，具有较强的专业技能和综合能力。

前　言

醇类氧化是重要的转化过程，所生成的产物都是重要的反应中间体和基础化工原料。传统上，醇类氧化通常在有机溶剂中进行，并以高剂量的高锰酸盐或重铬酸盐为氧化剂，造成一系列的环境污染和生态失衡等问题。随着原子经济和绿色可持续发展主题的不断深化，开发新型绿色、清洁的催化体系，以便宜易得的分子氧或者空气为氧化剂，在绿色溶剂水或者在无溶剂条件下进行醇类的高效氧化逐渐成为研究热点。然而，目前大多催化体系在以上反应条件下，存在反应温度高、产物选择性低等问题，需要进一步提升催化性能。因此，催化剂的构效关系和界面效应等科学问题有待进一步深入研究，同时相关的反应机理也需要深入认识。

本书主要以设计高性能的醇类氧化催化剂为目的，以调变金属活性组分与载体之间的相互作用为切入点，认识醇类氧化反应机制，建立催化剂结构和性能之间的构效关系，为设计高效催化剂提供一定的理论依据。

（1）采用液相沉积－气相还原法制备石墨烯负载的 Pd 亚纳米团簇催化剂，可获得平均粒径为 0.7～0.9 nm 的 Pd 亚纳米团簇。苯甲醇氧化反应评价显示，该催化剂在60 ℃条件下可以将苯甲醇完全转化为苯甲醛，TOF 高达 1 960 h^{-1}。构效关系研究发现该催化剂的优异性能归因于 Pd 物种较小的尺寸、高价态、Cl^- 的配位稳定作用以及团簇和石墨烯载体的强相互作用。

（2）以氧化石墨烯为模板，可控制备表面富含缺陷的 CeO_2 纳米片。负载 Pd 团簇后进行丁醇氧化评价发现，其具有较高的氧化活性，比石墨烯负载的 Pd 团簇催化剂的 TOF 要高出一个数量级，该催化剂对多种脂肪醇都表现出较好的催化活性。构效关系研究发现 Pd 与 CeO_2 纳米片相互作用形成的界面是催化剂高活性的主要原因。

（3）以 CeO$_2$ 纳米棒为载体分别负载 Au 单原子、Au 团簇和 Au 颗粒得到三种 Au/CeO$_2$ 模型催化剂。用于苯甲醇氧化反应发现，Au 单原子催化剂表现出最佳的催化活性，其 TOF 值分别是 Au 团簇催化剂和 Au 颗粒催化剂的大约 2.7 倍和 3.6 倍。机理研究结合 DFT 计算表明，位于界面处的［O-Ov-Ce-O-Au］是反应的活性位，对于 Au 单原子催化剂来说，由于具有更多这样的催化位点，因此具有更高的催化活性。

本书的研究结果表明，当催化剂活性组分降低到亚纳米或原子尺度时，离子态的金属组分比零价金属具有更高的醇氧化活性。原因在于，亚纳米或原子尺度的活性组分与载体存在更强的相互作用，这时活性相可能从金属催化转变为界面催化，反应路径和反应机理发生改变，反应性能得到提升。本书的研究成果有助于从亚纳米或单原子尺度理解金属与载体的强相互作用及其界面催化机制，为实现高效催化剂的理性设计提供新的思路。

在本书的写作过程中，王建国研究员、秦张峰研究员和吴志伟副研究员给予了作者很大的支持和精心的指导！书中涉及的国内外同行相关研究内容均列出参考文献，在此向原著及出版机构表示衷心的感谢！感谢国家自然科学基金、山西省应用基础研究计划的资助！感谢中北大学能源与动力工程学院和中科院山西煤炭化学研究所 603 组老师和同人的大力相助！

由于作者水平有限，书中难免有疏漏之处，恳请专家和读者批评指正。

作　者
2023 年 2 月于太原

目　录

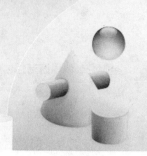

第1章 绪 论

1.1 醇氧化反应概述

醇类氧化是有机合成中重要的反应之一，可实现多种有机官能团的转化，无论在基础研究还是实际应用中都具有非常重要的作用[1-3]。反应生成的羰基化合物醛（酮）作为重要的平台化合物和反应中间体，广泛应用于有机合成、生物技术、香料和制药工业等；生成的羧酸作为重要的基础化工原料，广泛应用于人造纤维、塑料等行业。此外，反应生成的有机酯类可应用于药物、增塑剂和化妆品等领域。

传统工业中多种铬试剂，如氧化铬、重铬酸钾[4]，Jones 试剂[5]，氯铬酸吡啶（PCC）[6]，活化的二甲基亚砜（Swern 氧化）[7]，碳化二亚胺（Pfitzner-Moffatt 氧化）[8]，2-碘酰基苯甲酸[9]，Sarett 试剂[10]，Collins 试剂[4]等已被广泛应用。然而，这类试剂不仅有毒，而且在反应过程中会产生大量的有机或无机废物，造成了严重的环境污染。为了解决这些问题，研究的热点逐渐转向温和条件下催化醇类氧化反应。之后许多具有明确催化活性位点的均相催化剂被设计、合成出来，例如与离子液体（ionic liquid）配位的 Ru 配合物[11]，Co（Ⅱ）、Ni（Ⅱ）和 Cu（Ⅱ）配位的席夫碱（Schiff base）[12]，氧化钒配合物[13]和 Cu-联吡啶[14]等，它们通常以双氧水（H_2O_2）或分子氧为氧化剂，反应条件温和，活性和选择性也都较高。但是均相催化通常很难循环利用，产物与催化剂的分离是一大挑战，此外这些均相催化剂一般需要添加高剂量的氢氧化钾、苛性钠等强碱性物质，并且多数使用有机溶剂（如甲苯、1,4-二氧四环、乙腈、氯苯和甲酰胺等），也会造成严重的环境问题。多相催化剂因为分离过程简单、循环稳定性好，而逐渐受到研究者们的广泛关注。但是目前多相催化剂普遍存在反应活性不高、目标产物的选择性较低等问题。为了实现醇类氧化过程的绿色、可持续，人们致力于开发新型的多相催化剂，使得醇类氧化过程可以高效、定向转化为目标产物，而其中以便宜易得的分子氧或者空气为氧化剂，在绿色溶剂水或者无溶剂条件下进行醇类氧化已经成为热点课题[1,15,16]。

1.2　均相催化体系

　　均相催化体系中反应物和催化剂通常处在同一相，主要为离子态金属与有机配体络合形成的有机配合物。由于其具有特定的结构，所以其活性中心非常明确，催化过程遵循氧化加成、还原消除的反应机制：首先，反应物分子与中心离子进行配位，在配体帮助下脱氢实现氧化过程；然后，生成的产物从中心离子上消除，完成催化循环，如图 1-1 所示。因此，研究者们对均相催化剂的研究通常集中在寻找特定的配体，通过调变中心离子的电子结构以及几何空间效应来实现醇分子的高效转化。

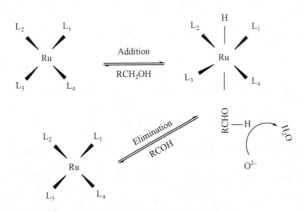

图 1-1　均相催化醇氧化示意图

1.2.1　Ru 基均相催化剂

　　均相催化剂中以 Ru 为中心离子进行醇类氧化反应是比较早的。1976 年，Sharpless

等[17]首次将 RuCl$_2$(PPh$_3$)$_3$ 配合物用于醇类氧化反应,之后研究者通过改变反应条件,选择合适的氧化剂和配体使得 Ru 催化剂醇氧化活性进一步得到了提升。如 2000 年,Lee 等[18]以对异丙基苯甲烷(*p*-cymene)为配体的 RuCl$_2$(*p*-cymene)$_2$ 催化剂进行苯甲醇氧化,以甲苯为溶剂,加入 Cs$_2$CO$_3$ 作为碱性促进剂,在 100 ℃下,苯甲醛的收率可以达到 90%以上,表现出了优异的催化性能。随后的研究[19]以双 Ru 中心的 Ru$_2$O$_6$(pyridine)$_4$ 为催化剂进行苯甲醇氧化反应,表现出了非常优异的催化性能,在常温常压下,苯甲醛的收率高达 99%以上。

1.2.2 Pd 基均相催化剂

相比于 Ru 基均相催化剂,利用以 Pd 为中心离子的均相催化剂进行醇类氧化的报道比较少。2018 年,Onomura 等[20]以 N-杂环卡宾(NHC)与 Pd 的配合物为催化剂,以氯代芳烃为氧化剂,可以高效地进行醇类氧化,即使在胺类存在的条件下,目标产物的选择性仍然很高,而且该催化体系表现出了很强的普适性,对于多种杂原子取代的醇类都可以进行高效转化,如图 1-2 所示。

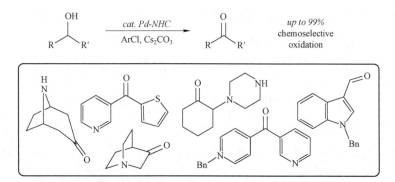

图 1-2　以氯苯为氧化剂,N-杂环卡宾与 Pd 的配合物(Pd-NHC)
为催化剂高效催化多种醇氧化反应[20]

1.2.3 其他金属离子均相催化剂

除了 Ru 和 Pd 基催化剂,Mn、Cu、Co 基等均相催化体系也有文献报道,如以水杨酸缩乙二胺配位的锰配合物[Mn(Salen)][21],以联吡啶配位的 CuCl[22]和以 N-羟基邻苯二甲酰亚胺配位的钴配合物[Co(acac)₃][23]都可以实现醇类的高效转化。

尽管有很多均相催化剂表现出了非常高的催化活性和选择性，但是反应过程中需要添加多种有毒有害的促进剂、氧化剂等，这些添加剂的加入造成了严重的环境污染，而且产物的分离和提纯也会造成很大的能源消耗。因此，开发新型的清洁、高效的多相催化剂，以便宜无害的分子氧或者空气为氧化剂，在水相或者无溶剂条件下进行反应，是目前醇类氧化研究的热点和前沿。

1.2.4　自由基催化醇氧化体系

1.2.4.1　氮氧自由基催化

氮氧自由基的研究已经有很长的历史，分子中未成键电子可以通过氮氧键进行离域，这种自由基通常比较稳定，可以较长时间储存，因此也常用作自由基捕获剂，用于捕获一些反应中的孤电子。目前已经报道了很多类型的氮氧自由基，包括二苯基氮氧自由基、2,2,6,6-四甲基哌啶氮氧自由基（TEMPO）、二叔丁基氮氧自由基等。van Bekkum 等[24]综述了有机氮氧自由基催化伯醇和仲醇氧化反应的进展。例如，以TEMPO 为催化剂，以 NaBr 为助催化剂，在冰点可以实现醇类的氧化，其反应式和催化机理如图 1-3 所示。但是在该过程中，每生成 1 mol 产物就会等计量地消耗 NaOCl，生成 NaCl，而且可溶性的 TEMPO 循环利用性差，价格也比较高，虽然活性较高，但不是一个绿色催化过程。

为了解决这一问题，研究者们[25]采用固体不溶性的载体（如气相二氧化硅、介孔MCM-41 等）将均相的 TEMPO 进行固载，得到多相氮氧自由基催化剂，使得其可以多次循环使用以降低成本，得到了比较好的效果。

2015 年，Lv 等[26]将氧化石墨烯（GO）与 TEMPO 作为共催化剂进行生物质醇类选择性氧化反应，取得了较大的突破。在 1 个大气压和 100 ℃条件下，5-羟甲基糠醛（HMF）可以实现完全转化，产物 2,5-二甲酰呋喃（DFF）的选择性高达 99.6%。研究表明，氧化石墨烯上的羧酸含氧物种和边缘缺陷处的未配对电子与 TEMPO 存在协同作用，使得催化剂活性显著提高。

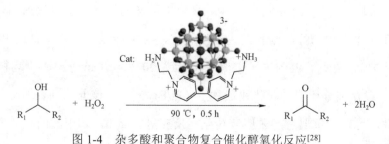

图 1-3 TEMPO 催化醇氧化反应[24]

1.2.4.2 杂多酸双氧水催化

杂多酸（polyoxometalates）是由多种含氧酸通过氧桥形式缩合而成的多核固体强酸。它们具有强酸性，同时也有一定的氧化还原能力，因此广泛应用于酸催化和氧化还原催化中，包括水解、脱水、烷基化和氧化等[27]。可以通过离子交换实现杂多酸性质的调变。

杂多酸是一种可溶性的多酸，循环利用性能较差，研究者们采用了多种方式来解决这一问题[27-30]。Leng 等[28]以聚合物离子交换的磷钨酸为催化剂，加入双氧水做氧化剂，在 90 ℃反应 2 h，苯甲醛的收率可以达到 97%，而且催化剂可以回收利用。此外，研究者们采用多种方法来提高其循环稳定性，如将其负载在氧化物表面[31-33]或者通过离子交换[34]来实现稳定性能提升。以杂多酸为催化剂进行醇类氧化时，其通常与双氧水氧化剂相结合，一些报道认为双氧水在杂多酸上活化，形成过氧和超氧自由基，再与吸附在杂多酸上的醇分子进行反应，最终生成醛和水，如图 1-4 所示。

图 1-4 杂多酸和聚合物复合催化醇氧化反应[28]

虽然杂多酸体系在醇类氧化反应中表现出了较好的催化性能，以双氧水为氧化剂也比高锰酸钾、重铬酸钾更加绿色、环保，但是仍不是最优的方案。而且虽然通过多种方法将杂多酸进行固定，可以明显提高其循环稳定性，但是从一些文献报道的结果可以看出，催化剂经过 3 次以上循环后，活性下降非常明显，可能与结构的改变和活性组分的流失有关[28]。

1.3　多相催化体系

1.3.1　Pt 基金属催化剂

在氧化还原催化类型中，Pt 基催化剂通常具有优异催化活性，在加氢、脱氢、氢解、氧化、异构化等[35,36]众多反应中都可以看到它的身影，这可能归因于 Pt 独特的价带结构、优异的还原氧化性能以及对反应物分子的中强吸附。在醇类氧化反应中，研究者们很早就设计了多种 Pt 基催化剂进行研究。1994 年，Mallat 和 Baiker[37]综述了 Pt 基催化剂在醇类氧化中的应用，并认为金属态的 Pt 为催化活性组分。

Yoichi 等[16]将 Pt 颗粒负载在双亲性的聚合物球（聚苯乙烯-聚乙二醇）上进行伯醇和仲醇的氧化反应，结果发现当反应物为仲醇时，相应的酮的收率可以达到 80%～90%，但是，当底物变为伯醇时，氧化产物则主要为酸，醛的选择性很低。Liu 等[38]可控制备了多种 1.5～4.9 nm 的水溶性 Pt 颗粒，并在温和条件下考察了其催化醇氧化活性，在多种醇类氧化中表现出较好的催化活性，而且 Pt 颗粒尺寸显著影响其催化活性，其中平均粒径为 1.5 nm 的 Pt 颗粒表现出最佳的活性。值得注意的是，对于伯醇分子，其氧化产物为醛，没有发生过度氧化，这可能是由于水溶性的 Pt 颗粒表面存在有机保护剂，调变了 Pt 的电子结构原因所致。2017 年，Fan 等[39]将平均粒径为 5 nm 的 Pt 胶体负载在部分还原的氧化铋载体上（Pt/Bi$_2$O$_{3-x}$），该催化剂表现出了很好的低温氧化活性，可以在室温进行苯甲醇转化，反应进行 5 h，苯甲醛的收率为 94.1%。作者认为 Pt^0 与邻近部分还原的 Bi$_2$O$_{3-x}$ 之间的协同作用导致其优异的催化性能，如

图 1-5 所示。此外，一些研究表明，Pt 基催化剂自身存在一些缺点，例如与其他金属组分相比，Pt 具有比较高的氧化电势，氧化所产生的醛很容易在其表面过度氧化生成酯或者酸，此外生成的中间产物比较难从 Pt 催化剂表面脱附，从而破坏反应循环，导致较差的活性以及产物选择性。

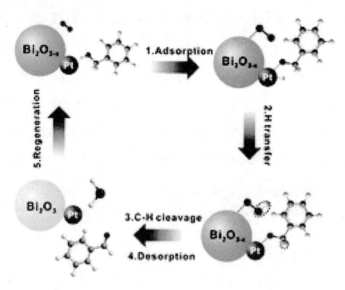

图 1-5　Pt/Bi$_2$O$_{3-x}$ 催化苯甲醇氧化反应示意图[39]

1.3.2　Pd 基金属催化剂

从文献报道来看，在贵金属中，Pd 基催化剂的综合性能最为优异，它在醇氧化反应中可同时实现比较高的转化率和选择性，研究者们也因此进行了许多深入的研究。Pd 金属纳米粒子的催化活性取决于其颗粒尺寸、形貌、价态以及与载体之间的相互作用。

金属活性组分的尺寸和形貌对催化反应有很大影响，尺寸决定了活性组分的比表面和原子的分散度，形貌则控制了纳米晶体所暴露的晶面，决定了纳米粒子的表面组成以及顶点和边缘原子的比例。研究表明，金属纳米颗粒的尺寸是决定醇选择性氧化催化活性和选择性的关键因素。然而鲜有文献研究金属活性组分的尺寸效应对于醇类氧化反应的影响，尤其是 Pd 基催化剂。Li 等[40]制备了一系列 NaX 分子筛负载的不同尺寸 Pd 颗粒的催化剂，并对比研究了它们在醇氧化反应中的催化性能。结果发现催化活性随着 Pd 尺寸的增加呈现火山型变化规律，其中平均粒径为 2.8 nm 的 Pd 颗粒苯甲醇转化率最高，而粒径较大和较小的 Pd 催化剂转化率都较低，如图 1-6 所示。

随后作者依据 CO 化学吸附得到的 Pd 分散度，计算单位时间单位活性位上不同尺寸 Pd 转化的苯甲醇分子数得到本征的转化频率（TOF），结果发现本征 TOF 值也与 Pd 颗粒尺寸息息相关，平均粒径 2.8 nm 的 Pd 催化剂本征活性最高，如图 1-7 所示。Chen 等[41]制备了一系列尺寸可控的 Pd/SiO$_2$-Al$_2$O$_3$ 催化剂，也得到了相似的结论。平均粒径在 3.6~4.3 nm 的 Pd 催化剂具有最高的本征 TOF 值。Liu 等[42]发现预处理温度和气氛对 Pd/SBA-15 催化剂的尺寸有很大影响，改变预处理条件，Pd 颗粒的尺寸可以从 1.3 nm 增加到 10.3 nm。将所有催化剂用于苯甲醇氧化评价发现，最小粒径的 Pd 颗粒具有最好的催化活性，其 TOF 值可以高达 9 684 h^{-1}。系列表征结果表明金属态的 Pd 物种是反应的活性组分。该结论与之前结果不太一致，这可能与催化剂的制备条件、金属与载体之间的相互作用等因素有关，多相催化的复杂性导致最终结论可能也会有比较大的偏差。

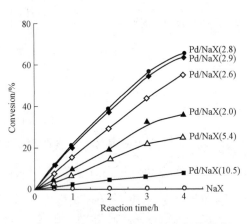

图 1-6　不同尺寸 Pd/NaX 催化剂催化苯甲醇氧化[40]

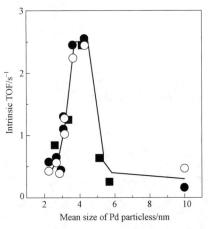

图 1-7　Pd/SiO$_2$-Al$_2$O$_3$ 催化剂上 Pd 颗粒尺寸与苯甲醇氧化本征 TOF 值的关系[41]

关于形貌的影响，有研究表明目标产物的选择性不仅与特定晶面的活性位点有关，还与吸附在活性组分上的反应物和产物的几何空间构型以及取向有关。Ferri 和其合作者[43]在 Pd 催化剂上进行苯甲醇选择性氧化到苯甲醛研究时发现，Pd 的晶面对主反应性能的影响很小，但是对于副产物甲苯，则很容易使其在 Pd（111）晶面的空位处生成。研究者们[44]采取了多种措施来减少副产物的生成，例如采用有机聚合物（聚乙烯醇）包覆法修饰 Pd/Al$_2$O$_3$ 催化剂，在苯甲醇液相氧化中可以显著提高苯甲醛的选择性，因为修饰有机物之后，脱羧反应被显著抑制。

2019 年，Wang 等[45]利用原子层沉积技术深入研究了苯甲醇氧化在 Pd 催化剂上的反应机制；解构了 Pd 颗粒上发生氧化反应和脱羧反应的活性位点。作者研究发现，苯甲醇分子脱羧到甲苯的路径主要发生在低配位的 Pd 位点上，而氧化到醛的过程则主要发生在高配位的 Pd 原子上。进而作者用原子层沉积分别选择性包覆低配位和高配位的 Pd 位点，结果发现当低配位的 Pd 物种消失后，苯甲醛的收率增加；而当高配位的 Pd 位点被 FeO$_x$ 物种覆盖时，甲苯选择性明显增加，如图 1-8 所示。该工作从分子层面出发，对催化剂结构进行了精细调变，为催化剂的理性设计开辟了新的维度。

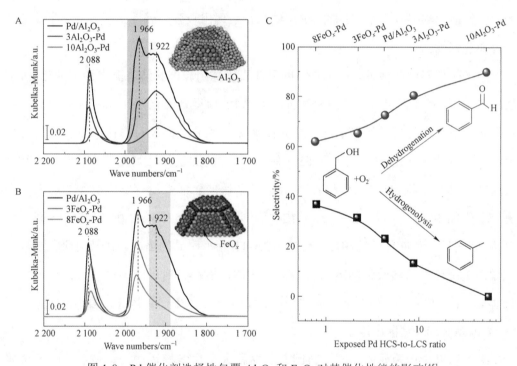

图 1-8　Pd 催化剂选择性包覆 Al$_2$O$_3$ 和 FeO$_x$ 对其催化性能的影响[45]

许多研究表明，载体对金属纳米粒子的催化性能有一定的影响，尤其是在液相反应中[46,47]。从表面科学的角度来看，不同类型的载体与金属粒子的相互作用大不相同，相互作用的强弱会极大地改变它们的电子和结构性质。例如，对于氮掺杂的碳材料，可以锚定金属活性组分，并调变其电子结构，而碱性载体则能够显著提高催化剂的脱氢性能。目前对于载体的具体作用仍有很多争议，需要进行更多细致而深入的工作来了解其真正作用。

He 等[48]将 Pd 负载在水滑石上，得到了高活性、高稳定性的苯甲醇氧化催化剂。水滑石的碱性极大地促进了氢的脱除，从而提高了醇氧化活性。Qi 等[48]将 Pd 物种分别负载在 MnO_x、CeO_2 和 Fe_2O_3 三种载体上，并进行苯甲醇氧化评价，结果发现 Pd/MnO_x 催化性能最为优异，经过表征表明，载体对 Pd 颗粒的分散起到了重要作用，其中 Pd 在 MnO_x 载体上的分散性最高，因而催化活性最高。Wang 等[49]制备了多孔的 CeO_2 载体，并将 Pd 分别负载在多孔 CeO_2、无孔的 CeO_2 和 SiO_2 上进行苯甲醇氧化评价。结果发现多孔 CeO_2 催化剂催化活性最高，多孔 CeO_2 相对较强的氧储存性能是其高活性的主要原因。此外，Lu 等[50]对比了未焙烧和焙烧之后的 TiO_2 纳米带负载 Pd 催化剂的催化性能，结果发现焙烧后的 TiO_2 纳米带表现出较强的碱性，从而提高了反应的活性和选择性。

除了研究不同载体外，研究者们也用官能化基团修饰载体表面来调节催化性能。Chen 等[51]将氮元素引入 SBA-15 表面，负载 Pd 后得到催化剂（Pd/N-SBA-15），并在无溶剂条件下进行苯甲醇氧化，由于载体表面存在大量-NH$_x$ 物种，Pd 颗粒的分散度很高，其中苯甲醇的转化率为 63.0%，而苯甲醛的选择性则高达 93.3%，并且氮掺杂之后催化剂稳定性显著提高，5 次循环之后催化活性没有发生明显的降低。在另一个研究中[52]，作者尝试将 ZrO_2 物种修饰在 SBA-15 上，得到 ZrSBA-15 载体，负载 Pd 之后，其催化活性相比于纯的 SBA-15 有了明显的提高。在其他研究中，研究者们采用磁性材料改性的方式得到复合载体，磁性材料可能不适合做醇类氧化的载体，但是却可以解决分离和循环利用的难题。例如 $Pd/Fe_3O_4@mCeO_2$[53]和 $Fe_3O_4/cysteine$-Pd[54]催化体系。

除了以氧化物为载体，碳材料因其表面积大、化学稳定性好、易于回收贵金属等特点，成为贵金属常用的催化剂载体，受到人们的广泛关注。以碳材料为载体负载 Pd 催化剂也广泛应用于醇氧化反应中，其中包括活性炭（AC）、碳纳米管（CNT）以及石墨烯（Gr）等。Wu 等[55]将 Pd 分别负载在 AC、CNT 和 Gr 上得到同一负载量的 Pd/AC、Pd/CNT 和 Pd/Gr 催化剂，在无溶剂条件下，进行苯甲醇氧化，它们的 TOF 值分别是 11 267 h^{-1}、6 910 h^{-1} 和 30 137 h^{-1}。研究发现，苯环与石墨烯之间存在强的 π-π 电子相互作用，导致苯甲醇分子更容易活化，因而具有更高的催化活性。

之后人们以碳材料为载体负载 Pd 催化剂进行苯甲醇氧化反应，做了大量、细致的研究工作[56,57]。

2013 年，张鹏飞等[58]在惰性气氛下热解离子液体得到氮掺杂的碳材料，负载 Pd 之后进行苯甲醇氧化反应，在无溶剂条件下，其 TOF 值高达 1.5×10^5 h^{-1}，表现出了超高的催化活性，是目前报道的活性最高的催化剂之一。作者将这一结果归因于氮物种与 Pd 颗粒之间的强相互作用，如图 1-9 所示。为了进一步提高催化活性，研究者们将碳材料和氧化物进行复合得到双功能载体，sp^2 杂化的碳材料可以提供比较大的比表面以及好的电导率，有助于电子转移，而还原性的氧化物则可以促进氧的活化，提高氧溢流性能。Tan 等[59]将 CNT 与 MnO$_x$ 进行复合负载 Pd 得到 Pd/xMnO$_x$/CNT 催化剂，与单一载体催化剂相比，双功能催化剂活性更高，凸显了复合载体之间的协同作用。

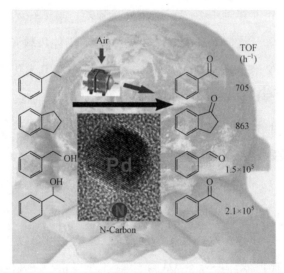

图 1-9   Pd 负载在氮掺杂的碳材料上进行苯甲醇氧化反应[58]

目前普遍认为，醇氧化反应的活性 Pd 物种是金属态的 Pd（0）[60]。当未经过还原处理的 Pd（Ⅱ）催化剂直接用于醇氧化反应时，在反应初期观察到了较长的诱导期[59-61]。在诱导期内，Pd（Ⅱ）被吸附在表面的醇分子还原成为金属 Pd（0）颗粒。而当催化剂中只有与配体或者载体强配位的 Pd（Ⅱ）物种存在时，醇分子由于无法还原该物种，没有反应活性。另外的研究表明苯甲醇氧化反应的初始反应速率随着 Pd（0）/Pd（Ⅱ）比率的增加而增加[62]。然而，也有文献认为 Pd 基催化剂高活性的原因是多种 Pd 物种共同协同作用[63]。底物分子的苯环与 Pd（Ⅱ）物种之间的 π-键相互作用提高了 Pd 颗粒与醇分子的相互作用。而以 Pd_2O 形式存在的 Pd（Ⅰ）物种可以有效地将活性氧转移到邻近的氢化钯（Pd-H）位点，活性氧与氢物种反应生成水，完成反应循环，Pd（0）物种再生进行下一循环反应。目前在醇类氧化反应中真正起催化作用的 Pd 位点还没有完全搞清楚，由于实际催化剂的复杂性，很难在短时间内有非常深入的认识，势必需要很多研究者不懈努力才能真正认识催化作用本质。

1.3.3　Ru 基金属催化剂

多相 Ru 基催化剂也常用于醇类氧化反应中，它有多种价态可以进行调节，因此采用多种方式改变其电子性质，进而提升特定的催化反应的活性及选择性是很有意义的研究课题。早期 Ru 催化剂多集中在均相催化体系，近些年来，研究主要集中在多相负载型的 Ru 催化剂方面。Yamaguchi 等[64]将 Ru 前驱体负载在羟基磷灰石上，进行正辛醇氧化反应，正辛醛的收率可以达到 94%，表现出了非常优异的催化性能。作者认为与 4 个氧和 1 个氯进行配位的单位点 Ru（Ⅲ）离子是活性组分。Zhan 等[65]研究发现，在分子筛负载的 RuO_2 催化剂体系中，小粒径的纳米 RuO_2 催化活性是大颗粒的 6 倍多。此外，一些研究表明金属态的 Ru 在醇氧化中也有很高的活性[66]。

Gao 等[67]将 CeO_2 和 MnO_2 复合金属氧化物负载 Ru 颗粒用于生物质平台分子 5-羟甲基糠醛（HMF）氧化反应中。结果发现催化剂表现出了很高的催化活性，在相对温和条件下（<100 ℃），2,5-呋喃二甲酸（FDCA）的收率可以达到 99%以上，单位 Ru 位点上产物的生成速率高达 $5.3 \ mol_{FDCA} \cdot mol_{Ru}^{-1} \cdot h^{-1}$，是目前文献报道的最好的催化结果之一。通过一系列表征和动力学分析发现，催化剂 $Ru/Mn_6Ce_1O_Y$ 超高的催化活性归因于 Ru 颗粒与复合氧化物之间强的相互作用以及复合氧化物之间的协同效应，如图 1-10 所示。当 Mn/Ce 摩尔比为 6 时，催化剂表面含有最高浓度的 Mn^{4+} 和 Ce^{3+}，这些部分还原的物种可以极大地提高活性氧的迁移效率，使得催化位点附近产生更多的活性氧物种。此外，由于金属与载体之间的强相互作用，催化剂经过 8 次循环之后仍未失活，这一工作非常系统地研究了醇类氧化反应中金属－载体以及载体－载体之间的协同效应，同时向生物质平台分子的高效利用迈出了坚实的一步。

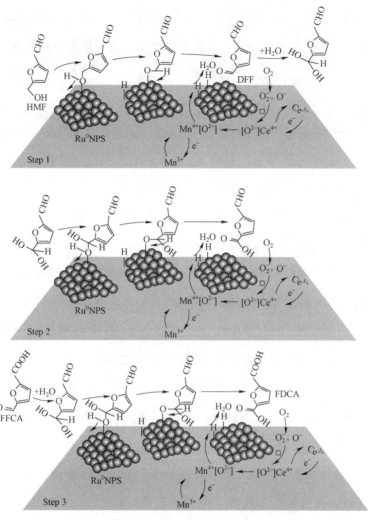

图 1-10　HMF 氧化在 Ru/Mn$_6$Ce$_1$O$_Y$ 催化剂上的反应机理[67]

1.3.4　Au 基金属催化剂

　　传统上认为块体黄金是一种惰性金属，相比于周期表里的其他过渡金属元素，它几乎没有催化活性，但是自从 Haruta 和 Hutchings 等[68,69]发现它可以在室温下催化 CO 氧化和乙烯氢氯化反应开始，Au 催化剂被广泛应用于多种催化反应中。而在醇类氧化反应中，Au 催化剂是重要的研究课题，受到了人们的广泛关注。因为 Au 是很好的醇选择性氧化到醛一类催化剂，当醛生成时，不会过度氧化成酯或者酸，此外相比于 Pt 和 Pd 基催化剂，Au 基催化剂的稳定性更高且不易失活[70]。但是，由于 Au 的脱氢性能较差，Au 催化剂的活性要远低于 Pt 和 Pd 催化剂。影响 Au 催化性能的因素有很多，Au 颗粒尺寸、Au 的价态以及 Au 与载体之间的相互作用都会显著影响其催化活性。Buonerba 等[71]将 Au 纳米粒子负载在嵌段共聚物载体上，并用作催化剂在碱性的 KOH 溶液中进行苯甲醇的氧化。在温和条件下，反应 6 h 之后，苯甲醇的转化率可以达到 99%，而苯甲醛的选择性则达到 97%，进一步延长反应时间（＞24 h），苯甲醛仍没有被过度氧化成为酯和酸，表明 Au 是很好的醇氧化到醛的催化剂。如果没有 KOH，该反应活性很低，表明 Au 具有较弱的脱氢性能。

Fang 等[72]以水滑石（HT）为载体研究了 Au 颗粒尺寸对苯甲醇氧化的影响。结果发现苯甲醇氧化是结构敏感型反应，越小的 Au 颗粒具有越高的 TOF 值，并且这一结论被密度泛函（DFT）理论计算所证实[73]。Au 颗粒平均粒径为 4 nm 的 Au/HT 上苯甲醇的转化率可以达到 94%，而平均粒径为 13.5 nm 的 Au/HT 催化剂活性则很差。在另一项研究中，作者发现 Au 的尺寸和对应的 TOF 值呈现一种线性关系，而相似的，Wang 等[74]在研究中发现，催化活性也与 Au 颗粒的尺寸直接相关，如图 1-11 所示。而根据 Garcia 等的研究结果[75]，Au 纳米颗粒的催化活性与外部 Au 原子总数和载体的表面覆盖率呈正相关关系。他们发现在肉桂醇氧化中，催化活性随着 Au 纳米颗粒的增加而急剧降低，但是反应的选择性则基本没变化。此外他们以面心立方（FCC）最密堆积的 Au 纳米立方体为模型，尺寸分布范围为 5～25 nm，进行醇类氧化反应模拟，发现尺寸为 5 nm 的 Au 具有最佳 TOF 值。其他研究者的工作也进一步证实了该结论。

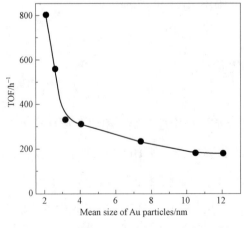

图 1-11　Au 颗粒尺寸对醇氧化反应的影响[74]

上述文献都集中在研究 2 nm 以上 Au 颗粒的催化行为，而对于 Au 团簇以及亚纳米乃至单原子 Au 的研究还比较少。2011 年，Liu 等[76]将不同幻数的 Au 团簇负载在羟基磷灰石（HAP）上进行氧化反应评价，发现幻数为 39 的 Au 团簇表现出了最佳的催化性能（Au$_{39}$/HAP），如图 1-12 左所示。2018 年，Li 等[77]将单原子 Au 负载在 CeO$_2$（111）晶面上进行苯甲醇氧化，结果发现该催化剂表现出了超高的催化活性以及选择性。通过表征和 DFT 计算发现，相比于 Au 颗粒催化剂，单原子催化剂存在大量界面位点，使其 TOF 值是 Au 颗粒催化剂的 10～20 倍。界面处的晶格氧直接参与反应，而且比氧气选择性更高。

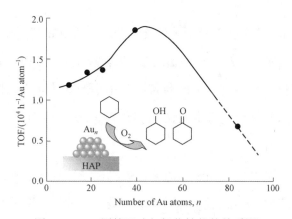

图 1-12　Au 团簇尺寸与氧化性能的关系[76]

除了尺寸影响，Au 纳米粒子的形貌也会显著影响催化反应性能。Zhou 等[78]发展了一种可控调变 Au 纳米粒子形貌的有效方法，通过改变 Au 催化剂的预处理溶剂，Au 纳米颗粒的形貌就会实现从多重孪晶结构向单晶结构的转变，如图 1-13 所示。研究指出，通常将 Au 颗粒置于极性溶剂（如水、甲醇等）中处理会生成更多的单晶相，而用非极性溶剂（如甲苯）处理则会生成更多孪晶，将两种不同形貌结构的 Au 催化剂进行苯甲醇氧化评价时发现，含有更多多重孪晶结构的 Au 颗粒表现出了更高的催化活性。完全是多重孪晶的 Au 纳米晶催化剂，其 TOF 值是单晶催化剂的近 4 倍，通过表征和 DFT 计算发现，多重孪晶 Au 颗粒暴露有特定的 Au（211）晶面结构以及存在很多孪晶界和层错结构导致苯甲醇分子在其表面的强化学吸附，因此其具有极高的催化活性。

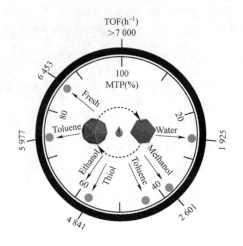

图 1-13　多重孪晶和单晶对醇氧化反应的影响[78]

研究表明，载体对于醇类氧化反应的影响很大。在 Au 基催化剂中，载体产生的影响可能要比其他金属活性组分更显著。纳米氧化镍负载 Au 催化剂的催化活性要比商品化的微米级氧化镍活性高出一个数量级，更小的载体表面缺陷更多，该研究结果表明载体参与到醇的氧化过程中，Au 与氧化镍之间的协同作用导致更高的催化活性[79]。

Au 脱氢性能较弱，因此提高载体的碱性可以促进醇氧化反应进行。水滑石（HT）物质组成多样，吸附性质优异，而且碱度可调，是一种常见的用于醇氧化反应的载体。Liu 等[80]将多种过渡金属离子掺杂到 HT 前驱体[$Mg_4Al_2(OH)_{12}CO_3$]中，然后通过液相还原法将 Au 分别沉积在改性和未改性的 HT 上。在所有制备的 Au 催化剂上，苯甲醛的选择性都超过 99%，没有检测到任何其他副产物；而且经过过渡离子改性后的催化剂要比未改性的催化活性高，催化活性顺序为：Au/HT＜Au/Cu-HT＜Au/Zn-HT＜Au/Mn-HT＜Au/Co-HT＜Au/Fe-HT＜Au/Ni-HT＜Au/Cr-HT，具体见表 1-1。此外，人们也研究了其他层状水滑石结构，如 Ni-Al[81,82]和 Co-Al-HT[83]等，负载 Au 之后在醇氧化反应中都表现出了较好的催化活性。

表 1-1　多种 HT 负载的 Au 催化剂物理化学性质和苯甲醇氧化活性[80]

Catalyst	S_{BET}/ ($m^2 g^{-1}$)	d_{Au}/nm	Au loading/wt.%	Yield/%	TOF/h^{-1}
Au/Cr-HT	79	3.9	0.49	58	930
Au/Mn-HT	90	2.8	0.75	47	490
Au/Fe-HT	48	3.0	0.70	55	610

Catalyst	$S_{BET}/$ (m² g⁻¹)	d_{Au}/nm	Au loading/wt.%	Yield/%	TOF/h⁻¹
Au/Co-HT	83	3.8	0.75	50	520
Au/Ni-HT	82	3.2	0.64	51	630
Au/Cu-HT	74	2.7	0.91	45	400
Au/Zn-HT	77	3.3	0.85	46	430
Au/HT	27	3.1	0.59	29	390

注：反应条件为 50 mg 催化剂，1 mmol 苯甲醇，0.5 mmol 正十二烷，10 mL 甲苯，373 K，20 mL min⁻¹ O₂；反应时间为 0.5 h。

分子筛和二氧化硅是工业上最常使用的载体，因为它们具有高的热稳定性、可变的孔道尺寸以及高的机械强度，研究者们在它们的应用方面做了大量的工作。Tsukuda 等[84]将 Au 团簇（1 nm）浸渍在介孔分子筛孔道中，结果发现催化剂经过热处理和反应后，Au 的颗粒尺寸没有明显变化，表现出好的稳定性。Hutchings 等[85]研究了不同分子筛载体对苯甲醇氧化反应的影响，他们发现在酸性分子筛上苯甲醛的选择性较低；当反应中间体在催化剂表面吸附时，酸性载体可能将醇分子与中间体结合，产生醚和酯。Wang 等[86]利用有序介孔硅基材料为硬模板，将碳的前驱体酚醛树脂和 HAuCl₄ 填充在其孔道中，得到了有序介孔碳限域的 Au 催化剂，如图 1-14 所示。将催化剂用于苯甲醇氧化反应发现，催化剂在 60 ℃ 可以将苯甲醇完全转化为苯甲酸，展现出优异的催化性能。将 Au 颗粒限域在有序介孔碳材料中，既显著提高了催化剂的稳定性，又可以使 Au 组分充分暴露，是制备高活性、高稳定性催化剂的典型范例。在该工作基础上，他们又进一步优化制备条件，得到了 Au 颗粒更小的介孔碳限域催化剂，表现出了更好的低温催化活性，在室温就可以将苯甲醇完全转化为苯甲酸[87]。

相比于惰性的氧化物载体（如 SiO₂ 和 Al₂O₃），可还原性的活性氧化物引起了人们更广泛的关注，文献表明，活性氧化物可直接参与催化过程。Wang 等[88]将 Au 颗粒均匀沉积在不同形貌的 MnO₂ 载体上，包括商品化的 MnO₂ 颗粒和 MnO₂ 纳米棒，结果发现以 MnO₂ 纳米棒为载体的催化活性要比以 MnO₂ 颗粒为载体高很多；XPS 表征发现在 MnO₂ 纳米棒上的 Au 颗粒具有更多的离子态 Au 物种，Au 颗粒与 MnO₂ 纳米棒之间更强的相互作用是其催化活性高的原因。此外，Corma 等[89]将小颗粒的 CeO₂

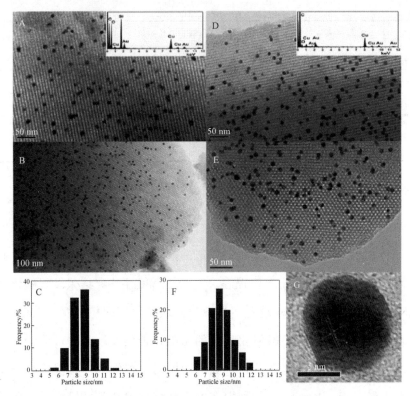

图 1-14　介孔碳材料限域的 Au 颗粒催化剂形貌图[86]

（平均粒径为 2～5 nm）和 Au 纳米颗粒结合得到了高活性、高稳定性的醇氧化催化剂。在相同条件下，Au/CeO_2 催化剂的 TOF 值与文献报道的性能最好的 Pd 基催化剂相当，这是对 Au 催化剂的研究取得的重要突破，后续的机理研究表明 CeO_2 的氧空位和离子态 Au 协同作用，导致它可以高效催化醇类氧化。

1.3.5　双金属催化剂

双金属或者多金属组分催化剂与单一组分催化剂相比具有很多优势，由于多组分之间的协同作用，其电子结构、原子排布、d 带中心以及晶格应力等性质的改变，使得双金属催化剂能够表现出更好的催化活性，以及目标产物选择性。在所有的双金属催化剂体系中，Au-Ag、Au-Pd 和 Au-Pt 体系最为普遍。

2006 年，Hutchings 等[1]在 *Science* 杂志上发表了一篇关于 Au-Pd 双金属催化剂用于苯甲醇氧化反应的文章。其中 Au-Pd/TiO$_2$ 催化剂表现出了超高的催化活性，其 TOF 值可以达到 270 000 h^{-1}，与单一组分催化剂相比，催化活性提高了 5～10 倍，该催化剂具有很强的普适性，在多种醇类氧化中都展现出了超高的活性。将 Au 添加到 Pd 纳米颗粒中后，明显提高了反应的选择性，通过 SEM 和 XPS 表征发现，Au-Pd 纳米颗粒是由 Au 的内核和富 Pd 壳层组成的，该结果表明 Au 的加入调变了 Pd 颗粒的电子结构，从而使得催化活性明显提升。这一成果引起了研究者们的极大关注，Au-Pd 催化体系迅速成为研究的热点。2010 年，该课题组继续使用 Au-Pd/TiO$_2$ 催化剂研究了苯甲醇氧化反应在反应初期的动力学行为，结果发现双金属催化剂的起始反应速率要比单金属催化剂的起始反应速率高出一个数量级，这充分体现了 Au-Pd 双金属体系的优势[90]。随后，Wang 等[91]用沉积沉淀法将 Au-Pd 双金属颗粒沉积在石墨烯上得到 Au-Pd/rGO 催化剂，用于甲醇选择性氧化反应时发现，在 70 ℃条件下，甲醇的转化率可以达到 90.2%，并且甲酸甲酯的选择性仍然保持在 100%，展现出了超高的低温氧化活性；而同样条件下，甲醇在 Au/rGO 和 Pd/rGO 催化剂上的转化率分别只有 5% 和 9.9%，这一研究更加凸显了 Au 和 Pd 之间的协同催化效应。进一步，将碳纳米管（CNT）掺杂在石墨烯层间，得到三维的 sp^2 杂化的碳材料，负载 Au-Pd 之后可以得到低温活性更优异的双金属催化剂[92]。

Dimitratos 等[93]发现 C 负载的 Au、Pd、Au-Pt 和 Au-Pd 催化剂的反应活性依次提高，其中 0.73%Au-0.27%Pd/C 催化剂具有最高的催化活性，在 3 h 之内苯甲醇的转化率和苯甲醛的选择性分别可以达到 96% 和 94%。Pritchard 等[94]详细考察了不同比例 Au、Pd 对催化性能的影响，结果发现随着 Pd 比例的逐渐升高，反应活性呈现先升高后降低的火山型趋势，结果如图 1-15 所示，在 Au 与 Pd 质量比为 1∶3 时达到最佳的催化效果。

2015 年，Wang 等[92]采用原子层沉积技术进行原子层精确控制，制备了 Au@Pd 核壳催化剂。通过选择合适的沉积条件，使得 Pd 选择性地沉积在 Au 颗粒表面，而不沉积在 SiO$_2$ 载体上，从而确保所有的物种都是 Au@Pd 颗粒。作者通过调节沉积层数来控制 Pd 的厚度，当进行苯甲醇反应评价时，Au@Pd/SiO$_2$ 催化活性随着 Pd 壳层厚度的增加而呈现火山型变化趋势，当 Pd 层厚度为 0.6～0.8 nm 时，催化性能最好，这时 Au 和 Pd 之间的相互作用最优。

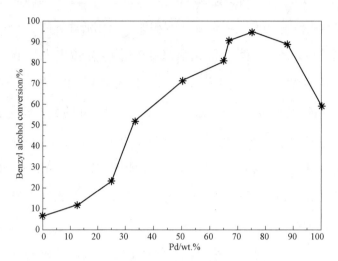

图 1-15　Au-Pd 双金属催化剂中 Pd 含量变化对苯甲醇转化率的影响[94]

Wittstock 等[95]利用硝酸腐蚀法将块状 Au-Ag 合金中的 Ag 腐蚀，得到介孔的 Au 催化剂，用于甲醇选择性氧化，发现催化剂展现出了很高的催化活性，在 20 ℃甲醇的转化率就能够达到 10%。作者通过表征发现残留在多孔 Au 催化剂上的 Ag 物种以 Au-Ag 合金存在，而且 Ag 物种在氧气活化中具有重要作用。此外，Huang 等[96]将嵌段共聚物 P123 稳定的 Au-Ag 合金颗粒用于苯甲醇氧化反应中，并进行动力学研究，发现相比于单 Au 颗粒，合金中 Ag 的加入显著提高了反应速度，在单组分 Au 颗粒上苯甲醇的反应级数为 1.5，当 Ag 加入之后反应级数则降低为 0.5，该工作从动力学角度深化了人们对双金属催化剂的反应机制的认识。

对双金属催化剂的具体认识还在继续深化中，两个组分之间的迁移、偏析和重构给人们认识它带来了很大的阻力。目前，研究者们认为双金属催化剂性能优异可归因于以下两大因素[97]：

第一，Au 的加入引起的 Pd 原子间距离的变化可能同时具有几何效应和电子效应，金可以分散和阻隔 Pd 物种，防止反应过程中 Pd 被氧毒化。此外，Au 具有较高的电负性，可以改变 Pd 的电子状态，从而提高了活性和选择性[98]。

第二，双金属之间的偏析导致底物分子接触时，动态产生很多低配位活性物种，促进脱氢过程快速进行，呈现更高的催化活性[99]。

1.3.6 非贵金属催化剂

尽管非贵金属催化剂的催化活性与贵金属催化剂相比存在 1～2 个数量级的差距，但是由于价格便宜，储量丰富，作为贵金属催化剂的替代品也逐渐受到了研究者们的广泛关注。Tang 等[100]采用共浸渍法制备了含有钾的锰基催化剂，用于氧化多种含有取代基的苯甲醇，醇的转化率为 74%～99%，醛的选择性为 99%，而催化剂的 TOF 值为 2 h⁻¹。Son 等[101]在溶液相中制备得到了 K 型的 Mn 基八面体分子筛（K-OMS-2），用于苯甲醇氧化，发现催化剂表现出了较好的催化活性，苯甲醇的转化率可以达到 90%以上。此外，用硝酸进行交换后得到的 H 型的分子筛 H-K-OMS-2 表现出了更好的催化活性，苯甲醇的转化率可以提高到 97%。该催化剂也表现出了很好的普适性，对多种醇类都表现出了较好的性能。

2017 年，Chen 等[102]在 Co 基催化剂方面取得了重大突破，他们设计了新型的莫特-肖特基（Mott-Schottky）型的多相催化体系用于醇类氧化反应，如图 1-16 所示。这种新型催化剂通过金属 Co 颗粒与富氮碳材料的界面进行电子转移来增强过渡金属 Co 的催化活性。这种富氮掺杂的碳材料包覆的 Co 颗粒通过简单的有机前驱体和无机盐热解形成。该催化剂表现出了非常高的催化活性，在 60 ℃可以完全转化苯甲醇到苯甲酸甲酯，显示出与贵金属催化剂相当的催化性能。其 TOF 是文献报道的其他过渡金属的 30 倍。

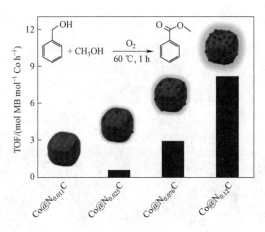

图 1-16　Mott-Schottky 型 Co 基催化剂催化苯甲醇氧化的反应性能[102]

2018 年，Wang 等[103]将含有 Co 的水滑石用于醇类氧化反应中，结果发现块体的水滑石本征活性很差。作者将块体 Co-Al 水滑石剥离，并将其组装在氧化石墨烯上进行苯甲醇氧化评价发现，CoAl-ELDH/GO 催化剂表现出了优异的醇氧化性能，其活性要比块体水滑石高 5 倍。O_2-TPD 和漫反射红外光谱表明，二维片层水滑石表面富含氧空位，可以显著提高催化剂的氧储存能力，加快其表面的氧溢流速率。动力学同位素效应研究进一步表明，富含空位的 CoAl-ELDH/GO 催化剂加速苯甲醇中 O-H 键的断裂，提高了反应活性。

1.3.7　新型非金属催化剂

除了金属催化体系，人们研究发现不含金属（metal-free）的碳材料也可以催化醇类氧化，通过杂原子改性石墨烯可以得到不含金属的醇氧化催化剂。Long 等[104]通过高温氮化法将氮元素掺杂在石墨烯片层上，制备得到了新型催化剂，可以催化醇类氧化到醛，在 70 ℃苯甲醇的转化率为 12.8%，苯甲醛的选择性为 100%，催化剂也表现出很好的底物适用性，对多种醇的氧化都有活性，如图 1-17 所示。研究发现，氮物种对于氧化性能起决定性作用，不掺杂氮的石墨烯在相同条件下参与催化反应苯甲醇的转化率只有 0.4%。石墨烯上氮有三种存在方式，包括吡啶型、吡咯型和 sp^2 石墨型，其中石墨氮物种与催化活性之间存在很好的线性关系，因此，石墨氮是催化活性组分。动力学分析表明氮掺杂石墨烯遵循 Langmuir-Hinshelwood 反应机理进行反应，反应的活化能为 56.1±3.5 kJ·mol^{-1}，这一结果与金属催化剂的活化能相当。

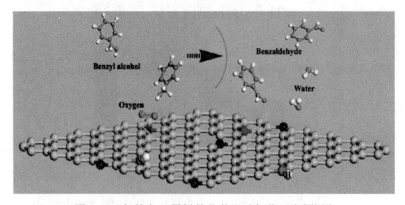

图 1-17　氮掺杂石墨烯催化苯甲醇氧化示意图[104]

Zhu 等[105]将用酸和碱处理的氧化石墨烯用于苯甲醇氧化反应,发现经过处理的氧化石墨烯与一般的氧化石墨烯相比,活性和选择性更高。此外,作者发现苯甲醛的收率与氧化石墨烯表面的酚羟基的含量线性相关,通过对比和模拟实验发现酚羟基是反应的活性位。

目前,将新材料用于醇类氧化反应的研究特别活跃,研究者对多种碳化物、氮化物、硫化物等进行了研究,不过都还在起步阶段,开发高效非金属催化剂还有很长的路要走,而关于材料背后的催化作用机制也还远远未达成共识。

1.4 醇类氧化反应机理

研究者们对于醇类氧化反应的机理到目前为止仍没有达成很好的共识。大家普遍认为在贵金属催化剂和非贵金属催化剂上醇类氧化遵循不同的反应路径。目前,一般认为醇类氧化在贵金属催化剂上的反应机理大致分为以下三步:首先,醇分子在金属表面脱氢,形成金属醇盐和金属氢化物;其次,β-H 在金属作用下离去,生成醛,完成两步脱氢过程;最后,金属表面的氢物种被活性氧带走,最终生成水,形成清洁表面,完成催化循环,整个过程如图 1-18 所示。

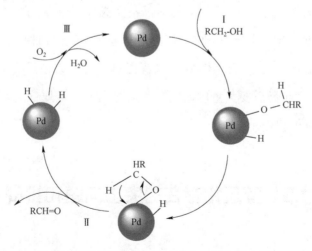

图 1-18   以 Pd 为例展示醇类氧化在贵金属催化剂上的反应机理[3]

McKee[106]发现在 Pt 和 Ru 上 CH_3OH 和 CH_3OD 的脱氢速率几乎相同,表明形成金属醇盐这一步不是速率控制步骤，相反，CH_3OH 和 CD_3OH 的反应活化能明显不同表明 β-H 消除过程是反应的决速步。此外，在液相中也发现了类似的动力学同位素效应，如 C_3H_7OH 和 C_3D_7OH 在 Pt 催化剂上的竞争氧化[107]，k_H/k_D=3.2，再次证实 β-H 消除是反应的决速步。Mori 等[60]研究发现从 O-H 和 C-H 键上解离的氢被分子氧氧化，从而实现活性位点的再生。而肉桂醇氧化过程中生成加氢和氢解产物也证明了金属氢化物的存在[108]。Yamaguchi 等[109]认为金属氢化物的氧化过程可能存在过氧化物（metal-OOH）中间体。一些研究者发现在 Ru 催化剂上进行的苯甲醇氧化对氧的压力为零级，表明金属氢化物的氧化不是速控步[110]；而 Keresszegi 等[108]表明在醇氧化过程中，氧不仅起到脱除氢化物的作用，而且起到清除其他副产物的作用。

虽然目前大部分人认为在贵金属催化剂上醇类氧化遵循分步脱氢氧化机理，但是 Kluytmans 等[111]则认为金属表面吸附的羟基物种会使醇分子一步氧化产生羰基化合物。而该机理也被一些研究所证实[112]。总的来说，人们对于醇类氧化的机理仍有很多争议，需要研究者更加深入研究其催化作用本质。

非贵金属催化体系虽然逐渐受到了研究者们的关注，但是其反应机理尚无定论，主要是由于非贵金属的价态多样而且非贵金属氧化物的晶格氧也参与到催化反应中。目前有一个理论认为其催化路径包括两个连续的步骤：首先，金属氧化物被醇还原，生成醛和还原态的催化剂[113]。这一步骤包括晶格氧原子的转移和氧化物的还原。随后，还原催化剂被氧气氧化，分子氧补充氧晶格完成催化循环。在非金属催化体系中，醇羟基在氧空位进行解离，分别形成金属醇盐和金属氢氧化物种。然而也有一些研究认为烷氧基的形成是通过破坏 M-O-M 键来解离 O-H 键，该键最终生成一对烷氧基和羟基[114]。总之，目前仍需要大量的研究工作来提高非贵金属催化剂的催化活性以及从更深层次认识其催化作用。

1.5 醇氧化存在的突出问题和挑战

醇类氧化反应已经被学者们研究了几十年，多种催化体系也被竞相报道，其中均相催化体系和金属负载型体系研究最多，而多相催化体系目前来看可能更加绿色、更有产业化前景，但是仍存在很多问题和挑战：

第一，醇类氧化活性普遍较低，仍需要开发绿色、高效的醇氧化催化剂。

第二，反应机理仍需深入研究，尤其是对可还原性氧化物载体表面金属组分活性中心的确认仍存在较大争议，同时活性组分与载体在界面上的作用机制也不明晰。

1.6　研究思路和研究内容

醇类氧化反应是有机转化中的重要过程，近十年来一直是国内外研究的热点。均相体系由于经常在有毒的有机溶剂中进行，对环境和生态造成很大的威胁，而且由于其循环利用性能差，产品后续分离、提纯也不符合绿色经济概念。而固体多相催化剂由于操作简单、分离容易，更加符合未来的发展趋势。在所有的多相催化剂中，贵金属负载体系催化活性高，稳定性好，但是成本太高，因此需要提高催化效率，降低负载量或者提高金属的分散度，降低单位质量催化剂成本。

基于以上考虑，本研究以苯甲醇和丁醇为主要模型分子，分别以金属颗粒（Pd、Au）的尺寸以及载体种类和载体形貌（活性炭、石墨烯、CeO_2）为切入点，调控金属与载体之间的相互作用来设计高活性、高选择性的醇氧化催化剂，从亚纳米和原子尺度深入认识催化活性位点，探索载体与活性组分在界面上的作用机制，并试图建立催化性能与催化剂结构之间的构效关系，研究其反应机理，为高活性催化剂理性设计提供一种可行的方案。

1.6.1　研究思路

本研究首先以苯甲醇为探针反应，以石墨烯负载的不同尺寸的 Pd 颗粒为催化剂，研究了不同尺寸 Pd 物种对催化反应的影响，接着根据评价结果，针对 Pd-石墨烯催化体系无法有效活化脂肪醇开发类石墨烯的 CeO_2 纳米片负载 Pd 团簇，来进一步提高脂肪醇氧化活性，并将催化活性与离子态 Pd^{2+} 比例和 Ce^{3+} 的浓度建立线性关系，验证 CeO_2 在促进醇氧化方面的作用。基于以上结果，针对 Pd 团簇的不稳定、易氧化的缺点，以 Au 为活性组分，以含有规整结构的 CeO_2 纳米棒为载体，负载不同尺寸的 Au 物种（Au 单原子、Au 团簇和 Au 颗粒）用于苯甲醇氧化反应，来深入研究催化作用机制，明确催化反应发生的位点[115]。

1.6.2　研究内容

1.6.2.1　石墨烯负载 Pd 亚纳米团簇高效催化苯甲醇氧化

采用改进浸渍法制备了石墨烯负载的 Pd 亚纳米团簇催化剂，将其用于苯甲醇氧化反应，发现在 60 ℃时，苯甲醇可以完全转化为苯甲醛，TOF 值高达 1 960 h^{-1}。同时本研究还发现，苯甲醇氧化是典型的结构敏感型反应，Pd 活性组分的尺寸对催化活性影响很大，亚纳米团簇表现出最佳的催化活性。通过一系列表征发现 Pd 亚纳米团簇催化活性高的主要原因是其尺寸较小、高价态、Cl^- 的配位稳定作用以及团簇和石墨烯载体的强相互作用。

1.6.2.2　类石墨烯 CeO_2 纳米片负载 Pd 团簇高效催化脂肪醇氧化

以氧化石墨烯为模板，可控制备了类石墨烯的 CeO_2 纳米片，通过表征发现，其表面富含氧空位，具有很高的 Ce^{3+} 浓度。此外，该方法具有很好的普适性，可以制备多种过渡金属氧化物纳米片。Pd 团簇负载在 CeO_2 纳米片上进行丁醇氧化评价发现，其具有较高的氧化活性，比石墨烯负载的 Pd 团簇催化剂的 TOF 要高出一个数量级，该催化剂对多种脂肪醇都表现出较好的催化活性。此外，研究发现丁醇氧化的 TOF 值与不同 Pd/CeO_2 催化剂表面的离子态 Pd^{2+} 比例和 Ce^{3+} 浓度有关联，三者之间存在很好的线性关系，表明 Pd 与 CeO_2 相互作用形成的界面可能是催化剂高活性的主要原因。

1.6.2.3　模型催化剂构建及醇氧化反应机理研究

以规整形貌的 CeO_2 纳米棒为载体，分别负载 Au 单原子、Au 团簇和 Au 颗粒得到三种模型催化剂；并对比研究了其在苯甲醇氧化中的催化性能，结果表明 Au 单原子催化剂表现出最佳的催化活性，其 TOF 值分别是 Au 团簇催化剂和 Au 颗粒催化剂的 2.7 倍和 3.6 倍。通过苯甲醇吸附、动力学分析以及氧的活化研究发现，Au 与 CeO_2 之间存在明显的协同催化作用，CeO_2 纳米棒表面的氧空位可以解离羟基氢，而邻近的 Au 物种则有助于 β-H 的断裂，因此处于 Au 与 CeO_2 之间的界面位点可能是反应的主要活性位，DFT 理论计算进一步表明，位于界面处的［O-Ov-Ce-O-Au］是反应的活性位，由于 Au 单原子催化剂具有更多这样的催化位点，因此具有更高的催化活性。

第 2 章　实验与表征

2.1　试剂和实验设备

所有试剂都没有进行任何后续的纯化处理，实验和表征过程中所使用的全部是去离子水，电阻率为 18.2 MΩ·cm。在实验过程中使用的化学试剂和仪器设备具体见表 2-1 和表 2-2。

表 2-1　实验试剂

样品或试剂	纯度	生产厂家
石墨	分析纯（AR）	上海阿拉丁试剂
碳酸钠	分析纯（AR）	国药试剂
硫酸	分析纯（AR）	国药试剂
氢溴酸	分析纯（AR）	天津科密欧试剂
高锰酸钾	分析纯（AR）	天津科密欧试剂
浓盐酸	分析纯（AR）	国药试剂
浓硝酸	分析纯（AR）	国药试剂
石墨	分析纯（AR）	上海阿拉丁试剂
氢氧化钠	分析纯（AR）	国药试剂
氨水	分析纯（AR）	西陇科学试剂
三水硝酸铜	分析纯（AR）	上海阿拉丁试剂
六水硝酸钴	分析纯（AR）	国药试剂
九水硝酸铁	分析纯（AR）	国药试剂
硝酸锰水溶液（50%）	—	国药试剂

续表

样品或试剂	纯度	生产厂家
九水硝酸铝	分析纯（AR）	天津光复试剂
六水硝酸镍	分析纯（AR）	国药试剂
过氧化氢	分析纯（AR）	天津东方化学试剂
六水硝酸铈	分析纯（AR）	国药试剂
二水硝酸氧锆	分析纯（AR）	天津光复试剂
钛酸四丁酯	分析纯（AR）	国药试剂
九水硝酸铬	分析纯（AR）	国药试剂
六水硝酸锌	分析纯（AR）	国药试剂
七水三氯化铈	分析纯（AR）	上海阿拉丁试剂
硝酸铈铵	分析纯（AR）	国药试剂
正癸烷	分析纯（AR）	国药试剂
苯甲醇	分析纯（AR）	上海阿拉丁试剂
对溴苯甲醇	97.8%	上海阿拉丁试剂
对硝基苯甲醇	98.5%	上海阿拉丁试剂
对甲基苯甲醇	分析纯（AR）	上海阿拉丁试剂
对甲氧基苯甲醇	分析纯（AR）	上海沃凯试剂
环己醇	分析纯（AR）	国药试剂
P123	分析纯（AR）	美国 Sigma-Aldrich 公司
醋酸钯	分析纯（AR）	上海阿拉丁试剂
硝酸钯	分析纯（AR）	国药试剂
氯金酸	分析纯（AR）	国药试剂
氯化钯	分析纯（AR）	国药试剂
正戊醇	分析纯（AR）	国药试剂
正丁醇	分析纯（AR）	国药试剂
正丙醇	分析纯（AR）	国药试剂
正辛醇	分析纯（AR）	国药试剂
丙酮	分析纯（AR）	天津科密欧试剂
异丙醇	分析纯（AR）	国药试剂
乙醇	分析纯（AR）	国药试剂
苯甲醛	分析纯（AR）	国药试剂

续表

样品或试剂	纯度	生产厂家
苯甲酸	分析纯（AR）	天津科密欧试剂
苯甲酸苄酯	分析纯（AR）	国药试剂
苯甲醚	分析纯（AR）	国药试剂
甲苯	分析纯（AR）	天津光复试剂
氢氟酸	40%	国药试剂
正己醇	分析纯（AR）	国药试剂

表 2-2 实验仪器

设备/仪器	型号	生产厂家
气相色谱	GC-2014C	岛津仪器公司
干燥烘箱	101-1	上海市一恒仪器有限公司
磁力搅拌器	85-1	上海司乐仪器有限公司
数显智能控温磁力搅拌器	SZCL-3A	巩义市予华仪器有限责任公司
玻璃仪器	—	天波玻璃仪器有限公司

2.2 活性测试

2.2.1 苯甲醇选择性氧化制备苯甲醛

2.2.1.1 测试流程

催化剂的活性评价在 30 mL 含有聚四氟乙烯内衬的间歇反应釜中进行，反应溶剂为去离子水，氧化剂为氧气。首先在反应釜中加入 6 mL 去离子水、一定量的催化剂、苯甲醇和正癸烷（内标），苯甲醇和催化剂活性组分的比例为 100∶1～1 200∶1；随后将一定压力的氧气（0.2～1 MPa）冲入反应釜中，并反复充放气几次，之后将反应釜加热到一定温度，并在该温度下以 700 r/min 的转速反应 0.5～24 h。反应结束后，将反应釜置于冰水浴中冷却，反应液经过离心分离后进行产物分析。

2.2.1.2　稳定性评价

催化剂的稳定性评价具体步骤为，反应完的催化剂经过离心之后用乙醇和丙酮洗涤多次，除掉催化剂表面残留的有机物，在真空干燥箱中 80 ℃干燥 4 h 后用于下一个循环反应。

2.2.1.3　产物分析条件

色谱型号：Shimadzu GC-2014C（岛津）。

色谱柱类型及型号：毛细管柱（DB-1，350 mm×0.5 mm）。

升温程序：采用程序升温法（60 ℃，1 min；5 ℃/min 到 260 ℃；保持 10 min）。

样品分析方法：采用内标法获得各物质的实际量。

2.2.1.4　活性、选择性和 TOF 计算

反应的转化率和选择性采用以下公式计算，其中 A_i 表示各物质的影响因子。

$$X_S=(n_{0,S}-n_{t,S})/n_{0,S}\times100\% \tag{2-1}$$
$$S_P=(n_P\times A_P)/\sum(n_i\times A_i)\times100\% \tag{2-2}$$

基于所有金属活性位点的转化频率（TOF）采用以下方法计算。

$$TOF=n_0X_s/(t\times n_{Pd}) \tag{2-3}$$

其中，S 表示底物，P 表示产物，n_0 表示底物的起始摩尔数，X_s 为底物的转化率，S_P 为产物的选择性，t 表示反应时间，n_{Pd} 表示催化剂中金属组分 Pd 的摩尔数。

2.2.2　丁醇选择性氧化评价

催化剂的活性评价在 30 mL 含有聚四氟乙烯内衬的间歇反应釜中进行，反应溶剂为去离子水，氧化剂为氧气。首先在反应釜中加入 6 mL 去离子水、一定量的催化剂、丁醇和正癸烷（内标），丁醇和催化剂活性组分的比例为（10∶1）～（200∶1）；随后将一定压力的氧气（0.2～1 MPa）充入反应釜中，并反复充放气几次，之后将反应釜加热到一定温度，并在该温度下以 700 r/min 的转速反应 0.5～24 h。反应结束后，将反应器置于冰水浴中冷却，反应液经过离心分离后进行产物分析。

2.2.3 苯甲醇选择性氧化连续取样评价

由于间歇釜式反应器需要冰水浴冷却，而且无法实时取样，因此评价反应无法实时分析，这很大程度上影响结果的准确性。因此，为了系统研究醇类氧化反应机理，探究醇类氧化反应的动力学和反应表观活化能，我们采用常压溶剂加热回流循环的方式来进行活性评价，气体以鼓泡方式通入烧瓶中。我们还对不同溶剂的碳平衡收率进行了比较，发现以水为溶剂时，碳平衡收率较差，这可能是因为苯甲醇在水中的溶解度低；随后分别以甲苯和1,4-二氧四环为溶剂，碳平衡都可以达到98.5%，因此最终我们选定甲苯为溶剂，以正癸烷为内标物，研究了醇类氧化反应的机理。

2.3　表　征

2.3.1　电感耦合等离子体分析（ICP-OES）

元素含量分析在 AtomScan-16 电感耦合等离子发射光谱仪上进行。具体操作步骤为，称取一定量的固体催化剂，加入 10 mL 王水，在通风橱中，在 300 ℃的电加热板上加热至黏稠液体，最后定容到 100 mL 容量瓶中，静置，取上清液进行分析。

2.3.2　扫描电镜（SEM）

用日本的 FESEM，JSM 7001-F，JEOL 扫描电镜表征样品的形貌。

2.3.3　拉曼光谱（Raman spectra）

拉曼光谱在 Labram HR800 激光拉曼光谱仪上测试，采用波长为 514 nm 的氩离子激光器。

2.3.4　热重分析（TGA）

热重分析在 Rigaku Thermo plus Evo TG 8120 型热重分析仪上进行，在空气气氛中以 10 ℃/min 的速率从室温升到 900 ℃。

2.3.5　粉末衍射分析（XRD）

X 射线粉末衍射分析在 Rigaku MiniFlex Ⅱ 衍射仪上进行。其中 CuKα 射线为激发源，管电压为 40 kV，管电流为 40 mA，扫描速度为 4°/min，扫描范围为 5°～80°。

2.3.6　N2 物理吸附（BET）

物理吸附在美国 Micromeritics 公司的 ASAP 2000 上测定，样品分析之前在 200 ℃、10^{-3} Torr 下预处理 10 h，比表面积通过 Brunauer-Emmett-Teller（BET）方法测定，孔径采用等温线脱附支的 Barrett-Joyner-Halenda（BJH）方法测得。

2.3.7　X 射线吸收近边结构（XANES）

X 射线吸收谱（XAS）实验在上海同步辐射光源 BL14W1 线站上进行。Au 和 Pd 分别采用单晶 Si（111）和 Si（311）晶面的单色器，能量分辨率（$\Delta E/E$）高于 2×10^{-4}。谱图数据在室温下采用荧光模式离线采集。

2.3.8　红外光谱（FTIR）

傅里叶变换红外光谱（FTIR）在布鲁克斯 Vertex 70 光谱仪上测得，范围为 400～4 000 cm^{-1}，分辨率为 4 cm^{-1}，累计时间为 60 s。开始反应物吸附实验之前，样品先在高真空（＜1 Pa）下 300 ℃处理 2 h，脱除吸附的水和有机物。

2.3.9　透射电镜（TEM）

透射电镜采用 JEM 2010 型高分辨透射电镜。高角环形暗场 STEM 像（HAADF-STEM）是在 Tecnai G2F30 高分辨透射电子显微镜下获得的，加速电压为 300 kV。

2.3.10　X-射线光电子能谱（XPS）

采用 Thermo ESCALAB 250 光谱仪测量样品的光电子能谱信号。X 射线发射源使用 Al K（$h\gamma$=1 486.6 eV）。谱图采用电子结合能（BE）为 284.6 eV 的碳作为校准。使用 XPSPEAK 4.1 软件对谱图进行拟合，Pd 3d、O 2p、Cl 2p、Ce 3d 和 Au 4f 区域拟合范围分别为 330～350 eV、523～538 eV、190～210 eV、860～930 eV 和 80～93 eV。

2.3.11　原子力显微镜（AFM）

样品的厚度使用 Veeco NanoScope Ⅲa Multimode 原子力显微镜测得，采用 Tip 模式进行。

2.3.12　程序升温还原（H₂-TPR）

程序升温还原实验是在安装有热导检测器（TCD）和质谱（MS）的全自动化学吸附分析仪（Micromeritics Autochem Ⅱ 2920）上进行的。测试时，样品首先在 300 ℃ 空气气氛（10 mL·min⁻¹）中预处理 1 h，随后保持同样温度条件，切换成氩气（10 mL·min⁻¹）继续处理 1 h，之后样品冷却至室温。这之后 10%H₂-Ar 混合气（10 mL·min⁻¹）切换到系统中，随后样品以 10 ℃·min⁻¹ 的速率加热到 1 000 ℃。在还原过程中，样品消耗的氢气的量用热导检测器（TCD）记录。

2.3.13　漫反射红外光谱（CO-DRIFTs）

CO 漫反射红外光谱在安装有 MCT 检测器的 Nicolet iS10 光谱仪上测得，范围为 400～4 000 cm^{-1}，分辨率为 4 cm^{-1}，累计时间为 60 s。漫反射红外池（Harrick）使用 KBr 窗口。开始实验之前，大约 40 mg 粉末样品首先在 300 ℃氩气气氛中预处理 0.5 h，当反应池的温度降至室温时，CO-Ar 混合气（10%CO/Ar，20 mL·min^{-1}）通入反应池中持续 0.5 h，使得 CO 分子充分地吸附在催化剂表面，之后切换至氩气气氛（50 mL·min^{-1}）充分吹扫催化剂表面，去除 CO 物理吸附的信号，最终得到 CO 在样品表面化学吸附的漫反射红外谱图。

2.3.14　元素分析（EA）

样品中碳、氮、硫等元素采用元素分析仪（Elemental Microanalysis，vario MICRO cube，Elementar）测定。

2.4　量化计算

自旋极化的密度泛函计算采用平面投射波赝势的 Vienna Ab-initio Simulation Package（VASP）计算[116-119]。采用 Perdew-Burke-Ernzerhof（PBE）函数参数化的广义梯度近似（GGA）来描述电子交换和相关能量[120]。波函数的平面波切割能量设置为 400 eV。所有的结构完全松弛，总能量收敛到 10^{-5} eV，所有的原子力都小于 0.05 eV·Å^{-1}。在表面计算中，用 DFT+U 方法来描述强局域 Ce 4f 电子，U 的有效值为 4.5 eV[121-123]。

CeO$_2$（111）和 Au（111）晶面分别用六层 CeO$_2$（111）和 Au（111）板来表示，CeO$_2$ 和 Au 的超胞分别采用 16.23 Å^3、11.47 Å^3、25.74 Å^3 和 11.54 Å^3、11.54 Å^3、22.06 Å^3 为边界条件。板间真空层＞15 Å，表面计算的步长设置为 [3,3,1]。平均吸附能（E）采用方程 $E=E_0-E_{ads}-E_{sur}$ 计算，其中 E_0、E_{ads} 和 E_{sur} 分别表示吸附质吸附在表面的总能量、吸附质的能量和清洁表面的能量。

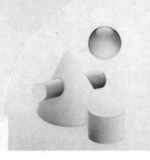

第3章 石墨烯负载钯亚纳米团簇催化剂的构筑及其在芳香醇氧化中的应用

3.1 本章引言

近年来，人们逐渐认识到，许多催化材料的特性与它们活性组分的尺寸密切相关。目前许多超细纳米离子[124,125]、亚纳米团簇[126]和单原子催化剂[127-129]由于具有高分散的表面原子和大量低配位活性位点，在许多反应中表现出优异的催化性能，受到研究者的广泛关注。Pilger[124]和 Yoskamtorn[125]及其合作者发现小于 2 nm 的 Au 催化剂可以高效地催化环己烷和醇类转化。然而，以较低成本和比较简单的方式来制备亚纳米级纳米粒子仍然是一个巨大的挑战。

溶液相胶体方法具有简单和重复性好的优点，广泛应用于纳米粒子的合成，包括可控制备不同尺寸、形貌和组成的纳米粒子[130]。然而在制备过程当中会加入很多有机配体和聚合物的稳定剂，例如聚乙烯基吡络烷酮（PVP）[131,132]、聚乙烯醇（PVA）[133]、硫醇[134-136]和很多含有不同的杂原子有机小分子[137,138]，作为保护剂和表面活性剂进行可控制备。这些有机分子会毒化或者覆盖催化剂活性位点。此外，在保持纳米晶特定尺寸和形貌的情况下去除这些有机配体仍是一个非常大的挑战[133,139-141]。

原子层沉积（ALD）也是一种制备单一分散的金属纳米晶的高效方法[142,143]。近些年来，通过 ALD 方法，研究者们成功地将平均粒径在 1～2 nm 范围的 Pd 和 Pt 催化剂负载在载体 Al_2O_3、TiO_2 和 $SrTiO_3$ 上[144,145]。2015 年，中国科学技术大学的路军岭教授组[146]采用 ALD 方法成功地将原子级分散的 Pd 负载在石墨烯上。高分辨的球差电镜表征可以发现，Pd 物种的确呈现单个原子分布。扩展边 X 射线吸收精细结构谱（EXAFS）表明，Pd 都是与氧进行配位的，而没有发现 Pd-Pd 配位，二者结合表明成功制备了石墨烯负载的单原子 Pd 催化剂（Pd_1/Graphene）。该单原子 Pd_1/Graphene 在 1,3-丁二烯选择性加氢反应中表现出了非常优异的催化性能，即使在非常温和的条件下（50 ℃），催化剂在 95% 的 1,3-丁二烯转化率情况下可以实现 100% 的丁烯选择性。尽管 ALD 方法可以精确地制备不同尺寸和组成的催化剂，但是由于催化剂制备成本高、工艺非常复杂，不能满足工业大规模制备实用催化剂的需要。

同时，醇类氧化反应是一类重要的有机转化过程，也是催化剂设计中常见的探针反应。传统工业上，这类反应通常用强氧化剂（重铬酸盐、高锰酸盐）在有机溶剂中进行，产生了很多有机废弃物和有毒的废液。随着环境和生态问题的日益显现，寻找更加绿色、可持续的方式来高效进行醇类氧化反应引起了人们的广泛关注[3,147]。而这其中，发展一种可以在绿色溶剂水或者无溶剂条件下进行的，以便宜易得的氧气或者空气为氧化剂的催化剂体系是迫切需要的[58,59,86,148]。

许多学者研究了活性组分的尺寸对于催化反应的影响[126,149,150]。Baiker 和他的合作者[151]研究了 Au 颗粒尺寸对于苯甲醇氧化反应的影响。他们制备了二氧化钛和二氧化铈负载的不同尺寸的 Au 催化剂，粒径分布范围在 1.3～11 nm，结果表明平均粒径在 6.9 nm 的 Au 催化剂表现出最佳的催化活性。而 Liu 等[76]将不同幻数的 Au 团簇负载在羟基磷灰石上，用于环己烷氧化反应，发现幻数为 39 的 Au 团簇表现出最佳的催化活性。Zhang 等[126]研究发现，在 CO 氧化反应中，Rh 亚纳米团簇的转化频率（TOF）分别是单原子 Rh 催化剂和 Rh 纳米颗粒 TOF 的 5 倍和 10 倍，显示出了优异的催化性能。

在所有的醇类氧化反应催化剂中，Pd 基催化剂综合性能最为优异，可同时获得高的催化活性和选择性。虽然也有两篇论文研究了它的尺寸效应对于苯甲醇氧化的影响[40,41]，但是对 Pd 组分亚纳米尺度下的构效关系认识仍需要进行大量的探索和研究。

石墨烯是一种二维 sp² 杂化的碳材料，具有独特的电、光、热和力学性质，特别是其比表面积较大，电导率超快，与金属活性组分有强相互作用，因此被看作一种很有前景的催化剂载体[152-154]。近几年来，一系列负载在石墨烯纳米片上的小于 2 nm 的金属纳米颗粒被相继报道，并且在一些反应中表现出了优异的催化性能[155-157]。

鉴于目前的研究进展，在本章，我们将采用改进浸渍法，不添加保护剂，制备石墨烯负载的 Pd 亚纳米团簇催化剂，并系统研究 Pd/rGO 在苯甲醇氧化中的催化性能，深入考察尺寸、价态、配位环境和 Pd-rGO 相互作用对反应性能的影响。

3.2　实验部分

3.2.1　催化剂制备

氧化石墨粉通过改进的 Hummers 法[158]制备得到，具体步骤为：首先，在冰水浴条件下，分别将 10 g 石墨粉、5 g 硝酸钠和 230 mL 浓硫酸（98 wt%）加入烧杯中混合并进行剧烈搅拌，随后将 30 g 高锰酸钾缓慢加入混合溶液中，并在（35±2）℃保持 30 min，再将 460 mL 去离子水缓慢加入溶液体系中。然后，将水浴温度升到 98 ℃并保持 40 min，所得到的亮黄色溶液用去离子水进行稀释，并加入 30 mL H₂O₂ 溶液（30%）进行处理。最后，悬浮液经过离心，多次洗涤去掉多余的无机盐之后，在 50 ℃下真空干燥得到氧化石墨粉末；将氧化石墨粉分散在水中超声剥离 2 h 并经过冷冻干燥后最终得到氧化石墨烯溶液。

还原氧化石墨烯（rGO）通过真空热处理氧化石墨烯得到[159]。首先将氧化石墨烯研磨成 300 目的粉末，在 100 ℃电烘箱干燥 3 h，然后装入一端封闭、另一端连接到真空泵的石英管中（长 1 200 mm，直径 80 mm），石英管预先抽真空到 2 Pa，30 ℃/min 程序升温到 200℃，保持 20 min 得到 rGO。

Pd/rGO 催化剂通过改进的浸渍法制备得到。将一定量 rGO 加入 200 mL 溶剂（例如乙醇）中并超声分散 1 h，随后将稀释的 H₂PdCl₄ 溶液加入 rGO 分散液中超声 10 min，并剧烈搅拌 4 h；将混合物抽滤，并用溶剂多次洗涤，随后在室温下真空干燥 24 h，最后固体粉末在氢气气氛中一定温度下还原得到不同 Pd 物种负载的 rGO 催化剂。

以醋酸钯和氢卤酸或者硝酸为前驱体负载在还原氧化石墨烯催化剂的制备方法为：首先将 rGO 分散在乙醇溶液中，之后混合稀释的醋酸钯和氢卤酸或硝酸（2 mL，2 mol/L）并剧烈搅拌 4 h；样品经过过滤、洗涤干燥后在氢气中还原得到催化剂。

所有 Pd 催化剂采用浸渍吸附法制备。在乙醇体系中制备的样品不经过还原的记为 Pd/rGO-E-NR，经过 50 ℃、100 ℃、150 ℃、200 ℃、300 ℃、400 ℃、500 ℃ 和 600 ℃ 还原得到的样品分别记为 Pd/rGO-E-50、Pd/rGO-E-100、Pd/rGO-E-150、Pd/rGO-E-200、Pd/rGO-E-300、Pd/rGO-E-400、Pd/rGO-E-500 和 Pd/rGO-E-600。为了对比，采用水合肼还原的催化剂记为 Pd/rGO-E-N₂H₄，而在水体系中制备的样品则分别标记为 Pd/rGO-W-NR、Pd/rGO-W-50、Pd/rGO-W-100、Pd/rGO-W-150 和 Pd/rGO-W-200。在丙酮体系中制备得到的样品经过处理之后分别记为 Pd/rGO-A-NR、Pd/rGO-A-50、Pd/rGO-A-100、Pd/rGO-A-150 和 Pd/rGO-A-200。以活性炭为载体制备的催化剂记为 Pd/AC-E-100。

3.2.2　催化剂表征

催化剂通过 XRD、ICP-OES、TEM、XPS、XANES、EXAFS 和 FT-IR 来进行结构和机理研究，详见第 2 章。

3.2.3　催化剂活性评价

催化剂反应性能评价及产物分析详见第 2 章。

3.3 结果与讨论

3.3.1 催化剂制备

3.3.1.1 石墨烯负载的 Pd 亚纳米团簇催化剂

制备石墨烯负载的 Pd 亚纳米团簇催化剂的典型方法是：稀的 H_2PdCl_4 乙醇溶液和稀的还原氧化石墨烯（rGO）分散液混合后，充分搅拌一段时间，经过过滤、洗涤、室温干燥后，置于氢气气氛中 100 ℃还原得到催化剂。其典型的形貌如图 3-1 所示。从 TEM 图上可以发现，近乎单分散的 Pd 亚纳米团簇均匀地分散在石墨烯纳米片上，平均粒径为 0.9 nm，而且粒径分布很窄（0.5～1.7 nm）。高角环形暗场透射电镜图进一步证实 Pd 团簇的高度分散性。从选区电子衍射图（EDS）上可以确证图中的白色亮点为 Pd 物种。

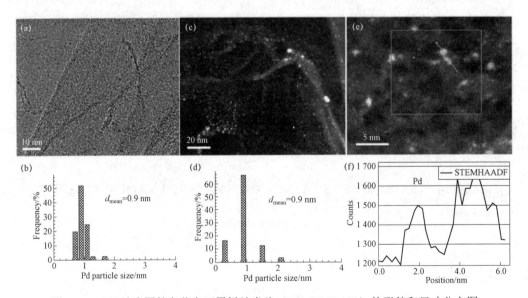

图 3-1 Pd 亚纳米团簇负载在石墨烯纳米片（Pd/rGO-E-100）的形貌和尺寸分布图
（a）透射电镜图；（b）明场透射电镜下 Pd 团簇尺寸分布；（c）高角环形暗场－扫描透射电镜图；
（d）高角环形暗场透射电镜下 Pd 团簇尺寸分布；（e）高分辨的高角环形暗场－扫描透射电镜图；
（f）选区电子衍射线扫图

3.3.1.2 焙烧温度的影响

不同温度焙烧后，Pd/rGO 催化剂的 TEM 图如图 3-2 所示。从图中可以看出，所有

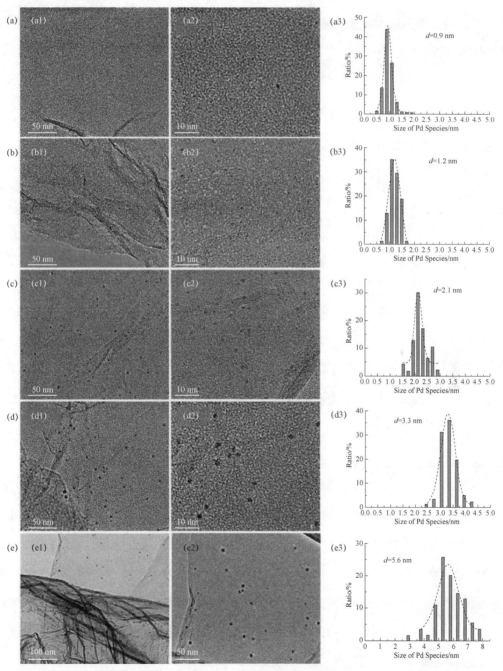

图 3-2 经过不同温度焙烧后还原得到的催化剂透射电镜图和尺寸分布图：
(a) 200 ℃；(b) 300 ℃；(c) 400 ℃；(d) 500 ℃；(e) 600 ℃

催化剂中 Pd 颗粒的分散性都很好。当还原温度从 200 ℃升高到 600 ℃时，Pd 物种的尺寸从 0.9 nm 增加到 5.6 nm，说明在氢气气氛中，随着还原温度的逐渐升高，小颗粒的 Pd 物种在氢气作用下逐渐迁移，聚集成为较大的 Pd 颗粒；其中平均粒径小于 2 nm 的 Pd 团簇，可以在温度低于 300 ℃的条件下还原得到。根据奥斯特-瓦尔德熟化理论（Ostwald Ripening Theory）[160,161]，在小颗粒的 Pd 团簇中，表面原子的配位数很低，导致其具有较高的吉布斯自由能，随着温度的升高，小颗粒的 Pd 物种逐渐聚集形成较大颗粒的 Pd 物种。

3.3.1.3　浸渍液溶剂的影响

在制备 Pd/rGO 催化剂过程中，浸渍液溶剂的选择同样会对 Pd 团簇的尺寸产生很大影响。以丙酮（A）、甲醇（M）、乙醇（E）、异丙醇（I）和水（W）为溶剂时，Pd 颗粒的尺寸分别为 0.7 nm、1.2 nm、0.9 nm、1.3 nm 和 1.5 nm，如图 3-3 所示。这种尺寸的变化可能是由于不同溶剂对于 Pd 前驱体的溶解性能和对还原氧化石墨烯的分散性能不同[155,157,162]。另外，根据以前的文献报道，溶剂的还原性能也会对 Pd 纳米团簇的形成产生很大的影响。含有弱还原性的乙醇或者丙酮分子与金属盐反应生成部分还原的并且与 Cl$^-$ 离子部分配位的 Pd$^{\delta+}$离子，在氢气作用下，一部分 Cl$^-$ 以气态 HCl 的形式离去，而 Pd$^{\delta+}$进一步被还原形成单个的金属原子，它们在二维的 rGO 表面发生相互碰撞、聚集，最终形成小团簇[156,163]。

3.3.1.4　Pd 前驱体的影响

以不同 Pd 前驱体制备的 Pd/rGO 催化剂的 TEM 图如图 3-4 所示。以硝酸钯［见图 3-4（b）］和醋酸钯［见图 3-4（c）］为前驱体时，最终制备得到的 Pd 颗粒的尺寸分别为 5.4 和 7.7 nm，远大于以氯化钯为前驱体的 0.9 nm［见图 3-4（a）］，说明以 Pd 的硝酸盐和醋酸盐为前驱体最终得不到 Pd 的亚纳米团簇。这一结果是由 Pd 前驱体的分解温度不同以及前驱体在乙醇溶剂中的溶解度不同所致。此外，PdCl$_2$ 中 Cl$^-$ 离子很可能在 Pd 亚纳米团簇的形成过程中扮演重要角色。

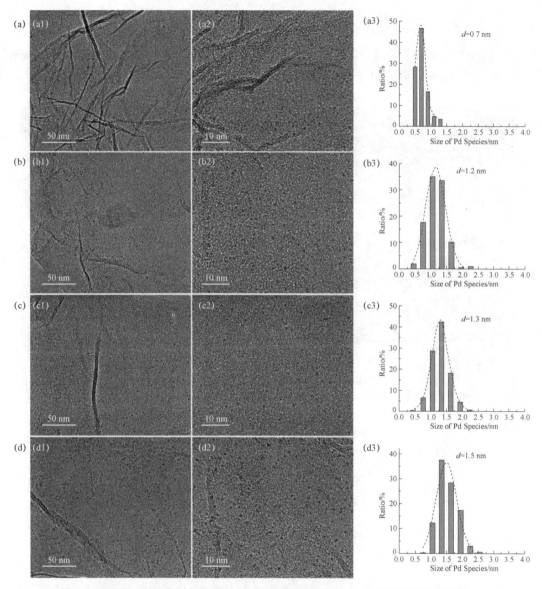

图 3-3　不同浸渍液中制备得到的 Pd/rGO 催化剂的透射电镜图和粒径分布图：
（a）丙酮；（b）甲醇；（c）异丙醇；（d）水

　　当将 2 mL 盐酸乙醇溶液（2 mol·L^{-1}）加入醋酸钯体系中时，所得到的 Pd 颗粒的平均尺寸从 7.7 nm 降低到 0.8 nm，而且尺寸分布也非常窄。而当将 2 mL 硝酸乙醇溶液（2 mol·L^{-1}）加入醋酸钯体系中时，Pd 颗粒的平均尺寸则为 4.2 nm，而且具有很宽的尺寸分布。这就说明 pH 对 Pd 亚纳米团簇的形成影响不大，氯离子起到重要作用。此外，在氯化钯体系还原之前用大量的热水（80 ℃）进行洗涤，则最终得到粒径分布很宽的 Pd 颗粒（3.8 nm）。从图 3-4（f）上发现仍然有一些 Pd 的亚纳米团簇存在于 rGO 表面，这可能是由于石墨烯表面存在一些缺陷，它们与 Cl⁻ 之间存在很强的相互作用，导致水并不能完全将 Cl⁻ 洗涤干净。以上对比实验证实 Cl⁻ 在形成 Pd 亚纳米团簇的过程中具有重要作用。

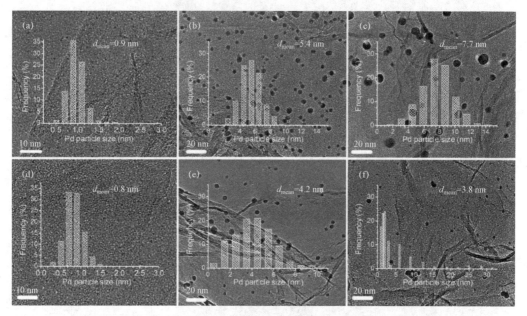

图 3-4 不同 Pd 前驱体制备得到的石墨烯固载的 Pd 颗粒的形貌图和
Pd 颗粒的尺寸分布图（100 ℃氢气气氛中还原）：
（a）氯化钯；（b）硝酸钯；（c）醋酸钯；（d）醋酸钯和盐酸；（e）醋酸钯和硝酸；
（f）氯化钯，在氢气还原之前先洗掉 Cl⁻

在惰性气氛（Ar）中不同温度下焙烧得到的 Pd/rGO 催化剂的电镜形貌图和粒径分布图如图 3-5 所示，结果表明催化剂的焙烧气氛对 Pd 亚纳米团簇的形成也会产生很大影响。在相同条件下，Ar 中焙烧得到的 Pd 颗粒尺寸要比氢气中得到的大很多。Siburian 等也报道了相似的结果，他们认为高价态的 Pt 物种首先在氢气气氛中被还原成单个的 Pt 原子，这些 Pt 原子在 rGO 表面迁移，最终形成 Pt 纳米团簇[163]。

以上多组对比实验结果表明，以 PdCl₂ 为前驱体，以乙醇和丙酮为溶剂，在较低温度下氢气气氛中还原，可以得到均一分散在 rGO 表面的 Pd 亚纳米团簇。rGO 纳米片可以很好地分散在乙醇溶液中，并且由于 rGO 纳米片上富含大量的含氧物种，它们可以与 Pd 物种发生强相互作用，从而可以有效地锚定 Pd 物种[162]。相比于其他方法，例如溶液相合成法，气相还原法可能更易于调节负载在石墨烯上的 Pd 团簇。由于锚定在 rGO 表面的 Pd 物种与 Cl⁻ 之间有配位作用，并且与 rGO 的表面含氧官能团之间存在很强的相互作用，当在较低温度下还原时，Pd 颗粒的聚集被极大地抑制，最终得到 rGO 负载的均一分散的 Pd 亚纳米团簇催化剂。

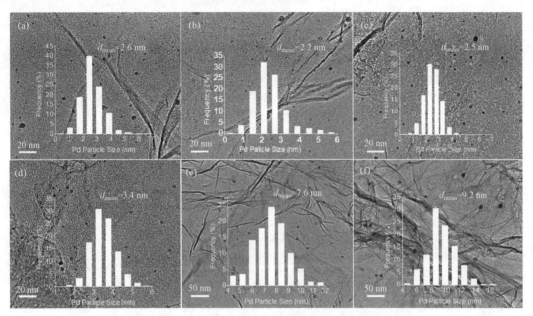

图 3-5　以 PdCl$_2$ 为前驱体在 Ar 气氛中不同温度焙烧得到的 Pd 颗粒的电镜和尺寸分布图：
(a) 100 ℃；(b) 200 ℃；(c) 300 ℃；(d) 400 ℃；(e) 500 ℃；(f) 600 ℃

3.3.2　Pd/rGO 催化剂表征

3.3.2.1　X 射线光电子能谱（XPS）表征

XPS 表征了样品 Pd（3d）、Cl（2p）的价态及 Pd/rGO 和 Pd/AC 的表面组成，相关的结果见表 3-1 和图 3-6。根据报道[164]，在 XPS 谱图中 Pd^0 3$d_{5/2}$、Pd^0 3$d_{3/2}$、Pd^{2+}3$d_{5/2}$ 和 Pd^{2+}3$d_{3/2}$ 特征谱分别出现在 335.2 eV、340.5 eV、336.5 eV 和 341.8 eV。但是在本工作中，Pd/rGO 样品的 Pd 物种的特征峰都向更高电子结合能方向移动，这可归因于 Pd 物种和 rGO 之间更强的相互作用。与 Pd/rGO-E-100 催化剂相比，在活性炭（AC）负载的 Pd 催化剂（Pd/AC-E-100）中 Pd^0 向低电子能方向移动，说明 Pd 与 AC 之间的相互作用力较弱。

表 3-1　不同 Pd/rGO 和 Pd/AC 样品中 Pd 团簇的尺寸以及 Pd 和 Cl 物种的 XPS 结果

Entry	Sample[①]	Pd/Cl molar ratio	Peak position/eV						Pd⁰ /%	fraction
			Pd²⁺3$d_{5/2}$	Pd⁰ 3$d_{5/2}$	Pd²⁺3$d_{3/2}$	Pd⁰ 3$d_{3/2}$	Cl⁻2$p_{3/2}$	Cl⁻2$p_{1/2}$		
1	Pd/rGO-E-NR	0.38	337.7	—	342.9	—	197.8	199.5	0	
2	Pd/rGO-E-50	0.46	337.6	—	342.8	—	198.1	199.8	0	
3	Pd/rGO-E-100	0.62	337.7	—	343.0	—	198.0	199.7	0	
4	Pd/rGO-E-150	1.19	338.1	336.7	343.2	341.8	198.6	200.4	50	
5	Pd/rGO-E-200	1.19	338.1	336.6	343.2	341.6	199.2	200.8	51	
6	Pd/rGO-E-400	—	337.5	335.8	343.0	341.1	—	—	61	
7	Pd/rGO-E-600	—	337.4	335.7	343.2	341.1	—	—	66	
8	Pd/rGO-W-NR	1.22	337.9	336.4	343.1	341.2	199.3	200.7	57	
9	Pd/rGO-W-50	1.28	338.3	336.5	343.6	341.8	199.1	200.6	59	
10	Pd/rGO-W-100	1.18	337.9	336.3	343.0	341.1	199.2	200.6	60	
11	Pd/rGO-W-150	1.48	338.0	336.3	343.0	341.2	199.2	200.7	60	
12	Pd/rGO-W-200	1.31	337.8	336.4	343.0	341.3	199.2	200.8	60	
13	Pd/rGO-A-NR	0.30	337.5	—	342.8	—	197.9	199.6	0	
14	Pd/rGO-A-50	0.36	337.6	—	342.9	—	198.1	199.7	0	
15	Pd/rGO-A-100	0.76	337.6	336.2	342.8	341.4	198.3	200.0	55	
16	Pd/rGO-A-150	1.05	337.9	336.6	343.2	341.9	198.9	200.6	56	
17	Pd/rGO-A-200	1.36	337.7	336.3	343.3	341.5	198.6	200.4	58	
18	Pd/rGO-E-N₂H₄	1.94	338.1	336.4	343.3	341.5	200.3	201.5	52	
19	Pd/AC-E-100	0.20	337.3	335.8	342.6	341.0	199.7	201.3	65	
20	Pd/rGO-E-100[②]	0.93	338.5	336.8	343.4	341.9	198.2	199.8	54	

注：① 不同样品表示为 Pd/rGO-*S-T* 或者 Pd/AC-*S-T*，其中 *S* 表示浸渍所用的溶剂（乙醇—E、水—W 和丙酮—A），*T* 表示氢气气氛中还原温度（℃）；NR 表示样品未经过还原，N₂H₄ 意味着样品被水合肼还原。

② 样品经过 5 次苯甲醇氧化反应之后的表征结果。

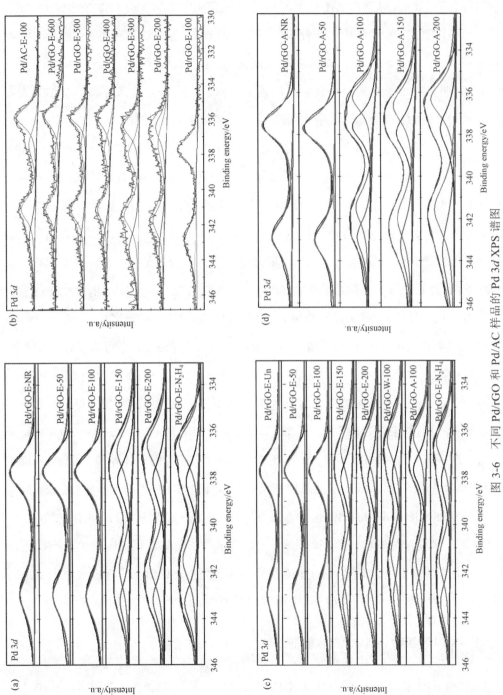

图 3-6　不同 Pd/rGO 和 Pd/AC 样品的 Pd 3d XPS 谱图

（a）不同条件下还原得到的 Pd/rGO-E；（b）、（c）、（d）分别表示在乙醇、丙酮和水中浸渍得到样品，然后在不同温度下还原

此外，浸渍液溶剂不同，rGO 表面的 Pd^{2+} 的还原能力也差别很大。以乙醇和丙酮为溶剂得到的 Pd/rGO-E 和 Pd/rGO-A 样品，分别在 100 ℃和 150 ℃部分还原为 Pd^0，然而在水中得到的 Pd/rGO-W，即使不经过氢气还原处理，Pd 物种也主要呈现 Pd^0，这可能是催化剂洗涤过程中被有机物种还原导致的[163]。为了避免在水中得到的 Pd/rGO 有明显的堆叠和聚集，我们采用乙醇和水的混合物来洗涤样品。该结果表明水中得到的 Pd/rGO-W 是最容易被还原的。

从表 3-1 中我们可以发现，随着还原温度的升高，离子态的 Pd 逐渐减少，而金属态的 Pd 则逐渐增加；在 Pd/rGO-E-100 催化剂中基本没有 Pd^0 存在，当还原温度升高至 600 ℃时，样品中 Pd 物种基本变为 Pd^0。值得注意的是，当还原温度从 200 ℃升高到 600 ℃时，Pd^0 $3d_{5/2}$ 的电子结合能从 336.6 eV 降低到 335.7 eV，如此大幅度的偏移是大颗粒的 Pd 与 rGO 之间的相互作用减小所致。与较大的 Pd 颗粒相比，较小的 Pd 颗粒具有更低的原子配位数和更高的吉布斯自由能，并与 rGO 纳米片存在较强的相互作用，从而导致在 XPS 谱中 Pd $3d_{5/2}$ 峰具有较高的结合能[165,166]。

同时，从 Cl $2p$ 的 XPS 谱图和半定量分析结果（见表 3-1）中可以发现，即使经过洗涤和还原过程，Pd/rGO 样品中仍然存在一部分 Cl^- 离子，表明完全去除 Pd/rGO 样品中的 Cl^- 离子是非常困难的。而且各个样品中 Cl^- 离子的真实含量和价态都与浸渍液溶剂和后续的还原过程有关。通常，根据 XPS 标准谱 Cl^- 的 $2p_{3/2}$ 和 $2p_{1/2}$ 特征峰分别出现在 198.9 eV 和 200.5 eV 处。而在该工作中，乙醇和丙酮体系得到的 Pd/rGO-E 和 Pd/rGO-A 特征峰都向低电子能方向移动，但是 Pd/rGO-W 特征峰则向高电子能方向移动。在 Pd/rGO-E 和 Pd/rGO-A 中，Cl^- 离子呈现部分富电子状态，而在 Pd/rGO-W 中，Cl^- 离子呈现部分缺电子状态。此外，Cl^- 离子的浓度随着还原温度的升高而逐渐降低，而电子结合能则逐渐升高。Pd/rGO 样品中残留的 Cl^- 离子的含量和电子状态可能是决定 Pd 物种电子状态和它们催化行为的重要因素。

3.3.2.2　X 射线吸收谱（XAS）表征

不同 Pd/rGO 和 Pd/AC 样品的 X 射线吸收精细结构谱图如图 3-7 所示。其中，在 24 360～24 380 eV 处的峰为白线峰，代表从 $1s$ 轨道到 $4p$ 轨道的电子跃迁；白线峰强度对价带和配位环境敏感，可以反映金属的价态和配位环境等信息。图 3-7 表明，不同温度下还原得到 Pd/rGO 样品的 X 射线近边吸收峰有很大的不同。100～400 ℃还原得到的样品的谱图与 K_2PdCl_4 的类似[167]，说明主要的 Pd 物种是与 Cl^- 离子配位的二价 Pd。相反，Pd/rGO-E-500 和 Pd/rGO-E-600 的谱峰与 Pd 箔接近，表明 Pd 物种主要是 Pd^0。与 Pd/rGO-E-100 不同的是，Pd/AC-E-100 样品中同时存在 Pd^{2+} 和 Pd^0 物种，表明 AC 与 Pd 物种之间的相互作用较弱，这与 XPS 的表征结果相类似。

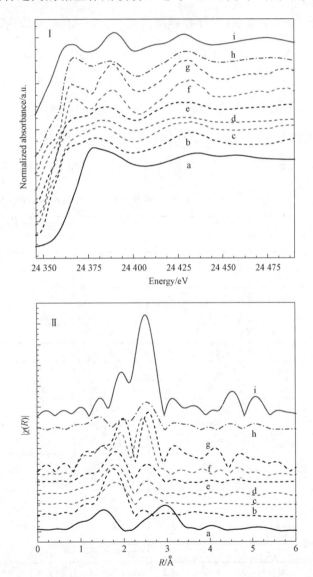

图 3-7　在不同温度下还原得到的 Pd/rGO 和 Pd/AC 样品的归一化 Pd 的 k 边 X 射线近边吸收谱（Ⅰ）
和 Fourier 变换的 R 空间谱（Ⅱ）

注：a—PdO；b—Pd/rGO-E-100；c—Pd/rGO-E-200；d—Pd/rGO-E-300；e—Pd/rGO-E-400；f—Pd/rGO-E-500；
g—Pd/rGO-E-600；h—Pd/AC-E-100；i—Pd 箔。

Pd/rGO 和 Pd/AC 样品的拓展边 X 射线吸收精细结构（EXAFS）采用三条路径拟合得到：Pd-O（PdO，CN=8，R=2.01 Å）、Pd-Cl（PdCl$_2$，CN=8，R=2.31 Å）和 Pd-Pd（Pd，CN=12，R=2.75 Å），具体拟合结果见表 3-2 和图 3-8。从结果可以看出，在 Pd/rGO-E-100 中 PdCl$_2$ 是主要的 Pd 物种，其配位数只有 5.2，表明 Pd 物种的颗粒尺寸很小，这与 XPS 和 TEM 的表征结果相一致。在 Pd/rGO-E-200 中，少量 Pd-Pd 的出现表明一部分 Pd^{2+} 被还原成 Pd^0。还原温度继续升高，Pd^0 逐渐成为主要 Pd 物种。当在 600 ℃还原时，Cl$^-$ 离子几乎消失而且 Pd 颗粒尺寸增加到 5.6 nm。尽管在 Pd/AC-E-100 样品中存在大量的 Cl$^-$ 离子，但在 EXAFS 谱图中没有发现 Pd-Cl 键，表示在活性炭上的 Pd 物种与 Cl$^-$ 离子配位作用很弱。总之，EXAFS 结果证实 Pd 物种与 rGO 之间有更强的相互作用；Cl$^-$ 离子在保持超微 Pd 亚纳米团簇尺寸方面具有重要作用并且可以显著调变 Pd 物种的电子结构，这与 TEM、XPS 和 XANES 结果相一致。

表 3-2　不同 Pd/rGO 和 Pd/AC 样品的 Pd 的 k 边 EXAFS 谱图拟合结果

sample	shell	CN	N_{total}	R/Å	ΔE/eV	σ^2/Å^2	R-factor
Pd/rGO-E-100	Pd-O	-	5.2	-	-	-	0.003 8
	Pd-Cl	5.2（±0.7）		2.31（±0.01）	2.34	0.006	
	Pd-Pd	-		-	-	-	
Pd/rGO-E-200	Pd-O	0.5（±0.3）	5.0	2.10（±0.03）	−1.22	0.010	0.001 0
	Pd-Cl	2.5（±1.0）		2.31（±0.02）	8.59	0.010	
	Pd-Pd	2.0（±0.8）		2.74（±0.02）	−1.22	0.010	
Pd/rGO-E-300	Pd-O	0.7（±0.3）	5.1	1.95（±0.01）	−3.18	0.006	0.001 3
	Pd-Cl	1.9（±0.5）		2.32（±0.02）	1.45	0.006	
	Pd-Pd	2.5（±0.6）		2.76（±0.03）	−3.18	0.006	
Pd/rGO-E-400	Pd-O	0.8（±0.5）	6.1	1.90（±0.03）	−1.82	0.005	0.001 2
	Pd-Cl	1.6（±0.4）		2.33（±0.01）	−1.82	0.006	
	Pd-Pd	3.7（±0.4）		2.76（±0.01）	−1.82	0.005	
Pd/rGO-E-500	Pd-O	1.2（±0.4）	8.9	1.97（±0.03）	−1.82	0.006	0.003 0
	Pd-Cl	0.6（±0.4）		2.35（±0.03）	0.06	0.008	
	Pd-Pd	7.1（±0.4）		2.73（±0.03）	−8.50	0.008	
Pd/rGO-E-600	Pd-O	0.7（±0.5）	9.5	1.99（±0.02）	9.34	0.021	0.001 4
	Pd-Cl	-		-	-	-	
	Pd-Pd	8.8（±1.5）		2.77（±0.02）	−3.80	-0.002	
Pd/AC-E-100	Pd-O	2.0（±1.0）	5.3	1.96（±0.03）	−9.40	0.008	0.002 3
	Pd-Cl	-		-	-	-	
	Pd-Pd	3.3（±0.8）		2.75（±0.02）	−4.36	0.006	

注：CN 表示配位数；ΔE 表示内核能量校正；R 表示原子间距；σ^2 表示 Debye-Waller 因子（拟合范围 $3<k<11$，$1.2<R<3.2$，独立点数=9.5）。

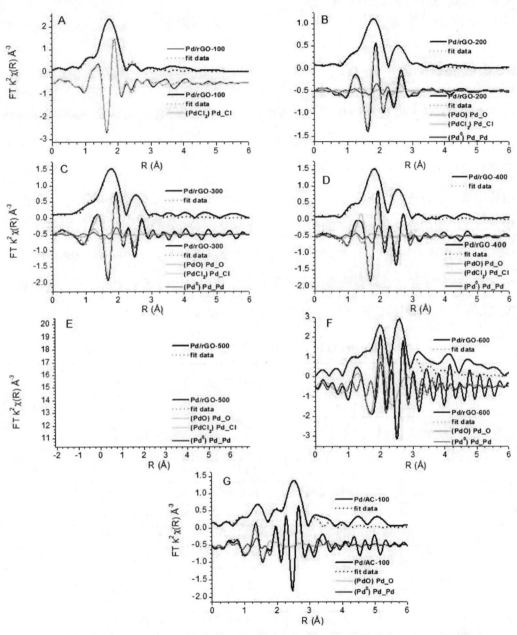

图 3-8　在不同温度下还原得到的 Pd/rGO 和 Pd/AC 样品的 Pd 的 k 边 EXAFS 谱图拟合

（a）Pd/rGO-E-100；（b）Pd/rGO-E-200；（c）Pd/rGO-E-300；（d）Pd/rGO-E-400；（e）Pd/rGO-E-500；

（f）Pd/rGO-E-600；（g）Pd/AC-E-100

3.3.3 Pd/rGO 催化剂评价

3.3.3.1 活性测试

不同 Pd/rGO 和 Pd/AC 催化剂在醇类氧化反应中的催化性能见表 3-3。对比实验表明 rGO 纳米片在反应条件下不能催化苯甲醇氧化反应（Entry 1），单独的 H_2PdCl_4 苯甲醇的转化率只有 1.6%（Entry 2），而苯甲醇在 rGO 纳米片和 H_2PdCl_4 的混合物上的转化率也只有 3.5%（Entry 3）。当 Pd 颗粒负载在还原氧化石墨烯（rGO）上后则表现出超高的苯甲醇氧化活性（Entries 4～12）。其中，Pd/rGO-E-100 在 60 ℃ 条件下反应 1 h，苯甲醇的转化率可以达到 98.9%，苯甲醛的选择性达到 100%（Entry 6），说明 rGO 负载 Pd 催化剂具有非常高的催化性能。作为对比，在相同条件下制备得到的 Pd/AC-E-100，苯甲醇的转化率只有 7.9%（Entry 13）。

表 3-3　不同 Pd/rGO 和 Pd/AC 催化剂在醇类氧化反应中的催化性能

Entry	Substrate	Catalyst	Conv./%	Sel.[②]/%	TOF[③]/h^{-1}	Carbon balance/%
1[①]	Benzyl alcohol	rGO	0	—	—	99.8
2[①]	Benzyl alcohol	H_2PdCl_4	1.6	99.9	31	99.6
3[①]	Benzyl alcohol	H_2PdCl_4+rGO	3.5	99.9	57	99.6
4[①]	Benzyl alcohol	Pd/rGO-E-NR	7.8	99.9	75	99.5
5[①]	Benzyl alcohol	Pd/rGO-E-50	11.2	99.9	172	99.8
6[①]	Benzyl alcohol	Pd/rGO-E-100	98.9	99.9	1 960	99.2
7[①]	Benzyl alcohol	Pd/rGO-E-150	55.3	99.9	1 127	99.6
8[①]	Benzyl alcohol	Pd/rGO-E-200	24.0	99.9	325	99.5
9[①]	Benzyl alcohol	Pd/rGO-E-300	8.3	99.9	130	99.2
10[①]	Benzyl alcohol	Pd/rGO-E-400	5.8	99.9	95	99.7
11[①]	Benzyl alcohol	Pd/rGO-E-500	4.2	99.9	65	99.6
12[①]	Benzyl alcohol	Pd/rGO-E-600	3.5	99.9	53	99.3
13[①]	Benzyl alcohol	Pd/AC-E-100	7.9	99.9	154	99.4
14[①]	Benzyl alcohol	Pd/rGO-E-N_2H_4	12.0	99.9	149	99.0
15[①]	Benzyl alcohol	Pd/rGO-A-100	88.9	92.3	1 579	99.0
16[①]	Benzyl alcohol	Pd/rGO-W-100	5.2	99.9	75	99.9

续表

Entry	Substrate	Catalyst	Conv./%	Sel.^{e}/%	TOF^f/h^{-1}	Carbon balance/%
17②	Benzyl alcohol	Pd/rGO-E-100	90.3	95.8	12 047	98.9
18②	Benzyl alcohol	Pd/rGO-E-100	98.6	85.4	26 440	98.7
19③	p-Methylbenzyl alcohol	Pd/rGO-E-100	99.6	98.0	2 390	98.6
20③	p-Methoxybenzyl alcohol	Pd/rGO-E-100	95.4	98.5	2 291	99.1
21④	p-Nitrobenzyl alcohol	Pd/rGO-E-100	13.5	99.9	17	99.8
22④	Cyclohexanol	Pd/rGO-E-100	6.3	99.9	8	98.3
23④	Butanol	Pd/rGO-E-100	3.4	99.9	4	99.2

注：① 序号 1～16：6 mL 去离子水，1.6 mmol 底物，10 mg 催化剂（底物与 Pd 的摩尔比大约为 1 200/1），0.5 MPa 氧气；反应在 60 ℃搅拌条件下进行 1 h（700 r/min）。

② 序号 17～18：6 mL 去离子水，10.6 mmol 底物，10 mg 催化剂（底物与 Pd 的摩尔比大约为 8 000/1），0.5 MPa 氧气；对于序号 17，反应在 80 ℃进行 1 h，而对于序号 18，反应在 100 ℃进行 0.5 h，副产物中含有甲苯和少量苯甲酸。

③ 序号 19～20：反应在 60 ℃进行 0.5 h。

④ 序号 21～23：底物与 Pd 的摩尔比大约为 1 000/1，反应在 90 ℃进行 8 h。

⑤ 序号 15 的选择性指的是环己酮，其他序号的选择性都指的是相应的醛。

⑥ 反应的 TOF 基于初始反应 0.5 h 的值计算得到。

从评价结果还可以看出，催化剂的还原温度对苯甲醇氧化反应的活性有很大的影响（Entries 4～12）。未经过还原的催化剂（Pd/rGO-E-NR）在苯甲醇氧化反应中表现出非常差的催化性能，在 60 ℃经过 1 h 反应后，苯甲醇的转化率只有 7.8%。在合适的还原条件下（Entries 5～9），Pd/rGO-E 催化剂的催化活性会明显提高。其中在 100 ℃还原得到的催化剂表现出最好的催化活性，Pd 亚纳米团簇的平均尺寸为 0.9 nm；之后随着还原温度的升高，催化活性逐渐降低，在 300 ℃还原的催化剂 Pd/rGO-E-300（Entry 9），Pd 的平均尺寸为 1.2 nm，相同反应条件下苯甲醇的转化率和 TOF 值分别降低至 8.3% 和 130 h^{-1}。而 Pd/rGO-E-600（平均粒径为 5.6 nm），苯甲醇氧化活性甚至低于 Pd/AC-E-100 的催化活性，转化率和 TOF 值分别降低至 3.5% 和 53 h^{-1}（Entry 12）。

从图 3-9 可以看出，Pd/rGO 催化剂的催化活性与 Pd 颗粒的尺寸密切相关，说明该反应是典型的结构敏感型反应。催化活性随着颗粒尺寸的增加而急剧降低，其中 Pd 亚纳米团簇表现出最好的催化活性。正像 Savara、Peter、Fischer-Wolfarth 和他们的合作者[168-172]报道的结果一样，Pd 颗粒的尺寸和 rGO 的载体特性在吸附和活化分子氧过程中具有重要作用，影响反应中间体和活性氧的接触，决定整个反应行为。然而，Pd 的尺寸可能不是影响 Pd/rGO 催化性能的唯一因素。例如，对于 Pd/rGO-E-100 和 Pd/rGO-E-200 两个催化剂而言，尽管它们的颗粒尺寸都为 0.9 nm 且具有相类似的尺寸分布，但是前者的 TOF 值是后者的 6 倍多（见表 3-3，Entry 6 和 Entry 8）。正如表 3-1 中展示的一样，Pd/rGO-E-100 催化剂中 Pd 物种主要以 Pd^{2+} 形式存在，而在 Pd/rGO-E-200 中超过一半的 Pd 物种变为 Pd^0。这一现象表明 Pd 物种的价态也会对 Pd/rGO 催化剂的性能产生很大的影响。rGO 纳米片上的 Pd^{2+} 物种要比 Pd^0 物种具有更高的活性。同时，我们也观察到与此结果相类似的现象，被水合肼（N_2H_4）还原的催化剂 Pd/rGO-E-N_2H_4 在苯甲醇氧化反应中表现出非常差的性能，在相同条件下，苯甲醇的转化率只有 12.0%（Entry 14），因为一大部分的 Pd^{2+} 物种已经被水合肼还原成 Pd^0。

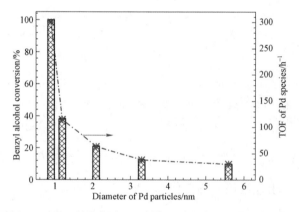

图 3-9　不同 Pd/rGO-E 催化剂上 Pd 颗粒尺寸与苯甲醇氧化活性之间的关系

注：反应条件为 6 mL 去离子水，1.6 mmol 底物，10 mg 催化剂（底物与 Pd 之间的摩尔比为 1 200），0.5 MPa 氧气，60 ℃，搅拌（700 r/min）下反应 1 h。

　　除了 Pd 颗粒的尺寸和价态，Pd 物种与 Cl^- 离子之间的配位状态可能也会对催化剂的活性产生很大的影响。例如，Pd/rGO-E-NR、Pd/rGO-E-50 和 Pd/rGO-E-100 三种催化剂相比，Pd 物种具有相近的尺寸和价态，颗粒尺寸都为 0.9 nm 而且价态主要为 Pd^{2+}（见表 3-1）。它们在催化性能上的巨大差异应该归因于 Pd 和 Cl^- 的配位环境的差别。更确切的说，一部分 Cl^- 在还原过程中被氢气移除，导致 Cl 物种的状态和 Pd 与 Cl^- 之间的比例改变，这能够提高 Pd/rGO-E 的催化活性。然而，当在更高温度（>150 ℃）下还原时，一部分的 Pd^{2+} 物种被氢气还原为 Pd^0，又会导致催化活性降低。

　　我们设计了一系列对比实验来进一步理解 Cl^- 离子和 Pd^{2+} 物种的价态在苯甲醇氧

化反应中所扮演的角色。不同浸渍液溶剂中制得的 Pd/rGO 催化剂催化活性对比结果见表 3-4。在丙酮中得到的催化剂，活性随着不同还原温度呈现火山型变化规律，在 100 ℃时达到最佳的催化性能，这与乙醇体系得到的规律相一致。然而，水中得到的 Pd/rGO-W 系列催化剂，在苯甲醇氧化反应中都表现出非常差的催化性能。此外，从 XPS 结果可以看出，水中得到的催化剂普遍具有更高比例的 Pd^0 物种，具体见表 3-1。所有的这些催化和表征结果表明，与 Cl^- 离子进行恰当配位的亚纳米级的 Pd^{2+} 物种可能是 Pd/rGO-E-100 催化性能优异的主要原因。这种活性的 Pd^{2+} 物种是以 $PdCl_2$ 为前驱体，以乙醇为浸渍液溶剂，经过低温还原（100 ℃）沉积在 rGO 纳米片表面得到的；在制备过程中，Cl^- 在调变 Pd 物种的尺寸和电子结构方面扮演了重要角色，也因此引起了苯甲醇氧化反应催化性能的巨大变化。

表 3-4　以丙酮和水为浸渍液溶剂在不同温度下还原得到的 Pd/rGO-A 和 Pd/rGO-W 催化剂在苯甲醇氧化反应中的催化性能

Entry	Catalyst	Conversion/%	Selectivity/%	TOF/h^{-1}	Carbon balance/%
1	Pd/rGO-A-NR	9.4	99.9	156	99.7
2	Pd/rGO-A-50	9.8	99.9	162	99.7
3	Pd/rGO-A-100	88.9	92.3	1 579	99.0
4	Pd/rGO-A-150	44.3	99.9	996	99.7
5	Pd/rGO-A-200	38.7	99.8	907	99.8
6	Pd/rGO-W-NR	4.1	99.9	58	99.6
7	Pd/rGO-W-50	4.3	99.9	60	99.4
8	Pd/rGO-W-100	5.2	99.9	75	99.9
9	Pd/rGO-W-150	5.4	99.9	61	99.7
10	Pd/rGO-W-200	6.0	99.9	72	99.6

注：反应条件为 6 mL 去离子水，1.6 mmol 底物，10 mg 催化剂（底物与 Pd 的摩尔比大约为 1 200/1），0.5 MPa 氧气；反应在 60 ℃搅拌条件下进行 1 h（700 r/min）；反应的 TOF 基于初始反应 0.5 h 的值计算得到。

　　所制备的 Pd/rGO-E-100 催化剂和以前文献报道的其他催化剂的催化性能对比见表 3-5。由于这些催化剂在不同反应温度、不同氧分压、不同底物浓度下进行评价，因此很难客观、准确地对它们的催化性能进行排序。但是，图 3-5 清晰地表明 Pd/rGO-E-100 几乎是目前所有报道的苯甲醇氧化到苯甲醛催化剂当中活性最好的；即使在温和条件下，它也展现出了非常优异的催化活性。当 Pd/rGO-E-100 在相对较高温度下（80 和 100 ℃）进行评价时，催化反应速率随着温度的升高有了很大的提高，苯甲醇转化的 TOF 值从 60 ℃的 1 960 h^{-1} 提高到 100 ℃的 26 440 h^{-1}；然而活性的显著提升也伴随着苯甲醛选择性的明显降低，从 >99.9% 降低到 85.4%，主要的副产物为甲苯和少量的苯甲酸，这一结果与 Savara 及其合作者的报道结果相一致[169,170]，即低温有利于苯甲醛的生成。

表 3-5   不同催化剂在苯甲醇氧化反应中催化性能的比较

catalyst	molar ratio	solvent[①]	temperature/℃	time/h	Conv./%	Sel./%[②]	TOF/h^{-1}[③]	Ref.
Pd/MgO	1 064	TFT	70	8	12	100	16	[173]
Au/Ga$_3$Al$_3$O$_9$	197	toluene	80	2	98	>99	96	[2]
Au/MgO	1 894	methanol	110	10	96	58[④]	182	[174]
AuPd/AC	500	water	60	3	96	94	160	[98]
Au/MnO$_2$	3 940	free	120	5	41	99	323	[175]
PtRu/CNT	500	water	80	3	52.5	96.5	88	[176]
Ru(OH)$_x$/ZrO$_2$	100	toluene	100	1	>99	>99	100	[177]
CM-CeO$_2$-Pd	5 112	free	120	16	82.1	62.9	262	[49]
Ru/hydroxyapatite	6	toluene	80	3	100	>99	2	[64]
Au/hydrotalcite	9	toluene	40	24	85.0	91.7	7	[178]
Ru/Al$_2$O$_3$	40	TFT	83	1	>99	>99	40	[109]
RuO$_2$/FAU	20	toluene	80	1.5	100	>99	13	[65]
Au/C	1 600	water/KOH	60	12	>99	>99[⑤]	133	[86]
Au/CuO$_{co}$	492	free	80	5	58.5	98.2	56	[70]
Au/ZrO$_2$	1 904	free	130	5	50.7	87.0	193	[179]
Pd/rGO-E-100	1 200	water	60	1	98.9	99.9	1 960	This work

注：① TFT 指的是三氟甲苯。

② 除非特别指出，一般选择性指的是苯甲醛。

③ TOF 转化频率表示在单位活性中心每小时苯甲醇的转化数，其中单位活性中心以总的活性位点数进行统计。

④ 选择性指的是酯。

⑤ 选择性指的是苯甲酸。

此外，我们对不同底物分子在 Pd/rGO-E-100 上的催化性能进行了考察（见表 3.3，Entries 19～23）。结果发现含有给电子基的苯甲醇的催化活性要比苯甲醇高，在 60 ℃反应 1 h 后，对甲氧化苯甲醇和对甲基苯甲醇在 Pd/rGO-E-100 催化剂上可以实现完全转化。然而对于含有吸电子基的苯甲醇以及脂肪醇等难活化的醇类，Pd/rGO-E-100 并不能高效地催化转化，它们的转化率即使在 90 ℃反应 8 h 后仍低于 15%。

3.3.3.2　苯甲醇分子在催化剂上的吸附活化机理

为了研究苯甲醇在催化剂上的吸附活化机理，我们以苯甲醇为探针分子，用红外光谱（FT-IR）研究了其吸附在 Pd/rGO-E-100 上的反应机理。苯甲醇在 Ar 气氛中室温下吸附在 Pd/rGO-E-100 催化剂上的红外光谱图如图 3-10 所示，其中出现在 1 200～1 600 cm^{-1} 处的吸收带可以归属为苯环的特殊振动峰。而位于 1 696 cm^{-1}（归属为醛基的羰基振动峰[70]）处吸收带的强度随着吸附时间的增加而逐渐增强，表示所生成的苯甲醛在逐渐增加，这表明 Pd/rGO-E-100 在室温下就能够催化苯甲醇氧化。而其他温度下还原的催化剂，Pd/rGO-E-NR、Pd/rGO-E-50、Pd/rGO-E-150 和 Pd/rGO-E-200，即使苯甲醇吸附 30 min 后，仍没有出现很明显的苯甲醛特征峰，如图 3-11 所示，这也证明了 Pd/rGO-E-100 催化剂在吸附和活化苯甲醇方面的优异性能。

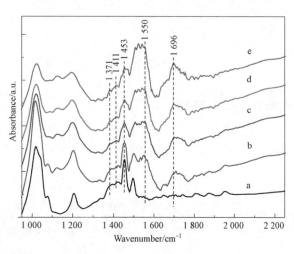

图 3.10　苯甲醇吸附在 Pd/rGO-E-100 上的红外光谱图：在室温下引入苯甲醇分子
0 min（a）、1 min（b）、5 min（c）、10 min（d）、30 min（e）后收集谱图

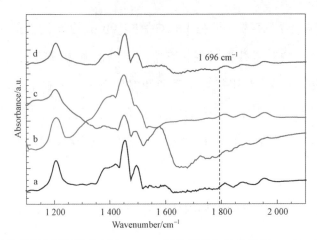

图 3-11　苯甲醇吸附在不同催化剂上 30 min 后收集的红外光谱图：Pd/rGO-E-NR（a）、
Pd/rGO-E-50（b）、Pd/rGO-E-150（c）、Pd/rGO-E-200（d）

Mori 及其合作者[60]认为醇类的氧化机理大致分为以下三个步骤：醇分子的 O-H 键首先在配位不饱和的 Pd^0 位点活化，形成 Pd 的醇盐物种，经过 β-H 消除之后形成相应的羰基化合物；Pd 物种上的氢与活性氧反应，最终生成水，完成催化循环。很显然，Pd^0 是吸附活化苯甲醇的活性位点。但在该工作中，高活性的催化剂中 Pd 物种主要为离子态，并且与 Cl^- 离子之间存在配位关系；结合活性评价和 XPS 结果发现，Cl^- 离子在调变 Pd 物种的电子状态和苯甲醇氧化反应活性方面扮演着重要角色。在 100 ℃ 还原得到的 Pd/rGO-E-100，Cl^- 离子被部分去除形成配位不饱和的 Pd 亚纳米团簇，归因于 rGO 纳米片对于亚纳米团簇 Pd 的稳定作用以及 Cl^- 离子的配位作用。Pd/rGO-E-100 催化剂中起主要催化作用的活性物种是一种类似配合物的 Pd^{2+} 物种，评价结果表明它具有非常高的醇类氧化活性[180,181]。

3.3.3.3　Pd/rGO-E-100 的循环稳定性

分别以 rGO 和 AC 为载体负载 Pd 团簇催化剂反应前后的电镜图以及尺寸分布如图 3-12 所示。当经过一次反应测试之后，活性炭负载的 Pd 颗粒的尺寸从 1.6 nm 增加到 3.6 nm，并且其尺寸分布也明显变宽，而在 Pd/rGO-E-100 催化剂上的 Pd 亚纳米团簇经过测试之后几乎没有变化，粒径只增加了 0.1 nm。这一结果反映了 rGO 纳米片在稳定 Pd 亚纳米团簇方面的重要作用。作为催化剂载体，rGO 在 Pd 物种的分散以及苯甲醇氧化性能上要比 AC 更优异。

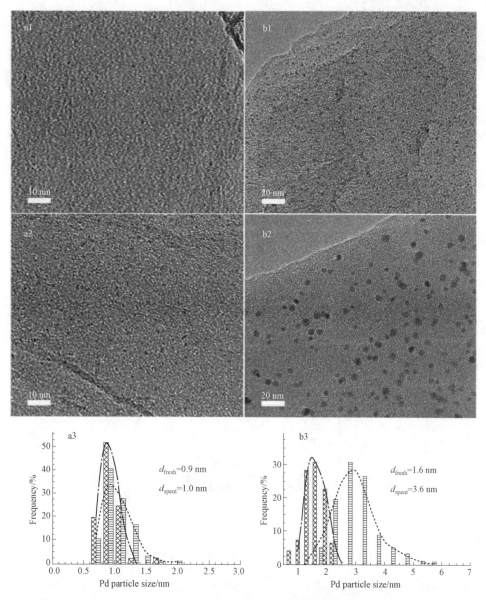

图 3-12 Pd/rGO-E-100 和 Pd/AC-E-100 催化剂反应前后的电镜图和尺寸分布：
（a）Pd/rGO-E-100；（b）Pd/AC-E-100

  Pd/rGO-E-100 催化剂的沥滤实验和多次循环稳定实验结果如图 3-13 所示。在 Pd/rGO-E-100 上进行的苯甲醇氧化反应中，苯甲醛的收率在反应 30 min 后可以达到 81.2%；如果将催化剂从反应体系中移除，苯甲醇的转化率就不再升高，再经过 30 min 后，苯甲醛的收率仍为 81.2%。这表明活性 Pd 物种的沥滤是微不足道的，这一结论也可以通过上清液的 ICP-OES 表征结果加以证实。此外，Pd/rGO-E-100 催化剂也表现出较好的循环稳定性，5 次循环使用后，它的活性只有一定的降低。在循环过程中，催化剂活性的降低可归因于活性 Pd²⁺物种的部分还原、Cl⁻离子在洗涤过程中的损失以及 Pd 物种的团聚[157]。

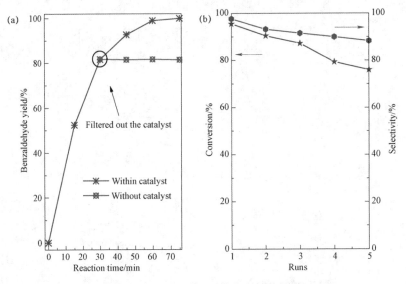

图 3-13　Pd/rGO-E-100 的稳定性能测试

注：反应条件为 10 mg 催化剂，1.6 mmol 苯甲醇，6 mL 水，60 ℃，700 r/min。

3.4　本章小结

在本章，我们研究了以还原氧化石墨烯（rGO）为载体负载 Pd 亚纳米团簇催化剂用于醇类选择性氧化制备醛（酮），考察了还原温度、浸渍液溶剂、金属 Pd 前驱体、焙烧气氛对催化制备的影响；探讨了 Pd 物种的尺寸效应、价态以及 Cl⁻离子配位对苯甲醇氧化反应的影响；对比了 rGO 和活性炭作为载体的活性及稳定性。本章研究得到的主要结论有以下几点。

（1）采用简便的浸渍法，无须使用任何保护剂，就可以制备出均匀分散在还原氧化石墨烯表面的 Pd 亚纳米团簇。研究发现，Pd 的前驱体、浸渍过程所使用的溶剂以及焙烧气氛和温度都会对 Pd 亚纳米团簇的形成产生很大的影响。同时 Cl⁻离子的存在对于 Pd 亚纳米团簇的形成和稳定有重要作用。平均粒径为 0.7～0.9 nm 的 Pd 亚纳米团簇可以通过 PdCl₂ 在乙醇或丙酮中浸渍，然后在氢气中低温下还原制备得到。

（2）负载在 rGO 纳米片上的 Pd 亚纳米团簇催化剂在苯甲醇氧化反应中显示出了非常优异的性能，可以在 60 ℃几乎完全转化为苯甲醛，更重要的是，与活性炭为载体负载的 Pd 颗粒催化剂（Pd/AC）相比，石墨烯稳定的 Pd 催化剂（Pd/rGO）在抵抗 Pd 物种烧结方面具有更高的稳定性。

（3）多种表征手段表明 Pd/rGO-E-100 催化剂的优异性能可以归因于 Pd 物种的超小尺寸、高的价态和 Cl⁻ 离子的配位作用，以及与石墨烯之间的强相互作用。

第4章　二氧化铈纳米片负载的钯催化剂的构筑及其在脂肪醇氧化中的应用

4.1　本章引言

在上一章，我们深入研究了还原氧化石墨烯（rGO）负载 Pd 亚纳米团簇在芳香醇（如苯甲醇和对甲基苯甲醇）选择氧化制备相应醛类反应中的独特优势，但它在脂肪醇氧化过程中表现出反应温度高、转化率很低等缺点。

目前，尽管有很多文献报道了高效催化醇类氧化的催化剂，但是大多数都是针对易活化的醇类，很少有催化剂对多种醇都有高的活性，特别是对于非活性醇，如环状脂肪醇和直链脂肪醇。Uozumi 和 Brink 等[182,183]研究发现在脂肪醇氧化反应中加入高剂量的强碱可以促进反应的进行，但是这会引起腐蚀和废碱处理问题，不是一种可持续的工艺路线。为了实现绿色和可持续发展的目标，人们需要开发更有效的新型催化剂来实现脂肪醇的高效转化，即利用便宜易得的分子氧为氧化剂，以绿色的水作溶剂进行脂肪醇类高效转化。

目前，研究者们通常以可还原性的氧化物为载体来提高脂肪醇氧化活性：一方面，可还原性的氧化物可以显著提高催化剂的活化氧能力，进而提高催化活性；另一方面，有研究表明其可以直接参与到脂肪醇氧化过程中，可还原性的氧化物表面富含氧空位，可以提高催化剂的脱氢性能[89]。

二氧化铈（CeO$_2$）作为一种可还原性的氧化物是一种重要的材料，广泛应用于三效催化、氧传感器、氧渗透膜系统和燃料电池等领域[184,185]。这些应用通常利用了二氧化铈出色的氧化还原性能和很高的氧储存能力。而其作为催化剂载体也广泛应用于甲烷燃烧、低温水煤气变换、低温 CO 氧化和挥发性有机物消除等反应中[186,187]。Abad 等[188]已经证明，Au 纳米颗粒负载在富含氧空位的 CeO$_2$ 载体上表现出非常优异的醇氧化性能，而且对于脂肪醇也有比较高的活性。二氧化铈具有很强的活化分子氧能力，因此设计新型的二氧化铈结构有望进一步提高脂肪醇氧化活性。

近年来，二维材料由于其独特的性能引起了人们的格外关注。与同类块体材料相比，类石墨烯的二维材料具有独特电子、光学、机械和化学性质，在很多领域中显示出巨大的潜力[189-191]。因此我们设想，如果能够制备出类似石墨烯的二氧化铈纳米片（NS-CeO$_2$），它具有更丰富的表面性质、很强的储存氧能力，有可能会提高脂肪醇氧化活性。

目前，类石墨烯二维材料，尤其是针对非层状结构的二维材料的合成仍然是一个挑战。二维材料的合成通常可以简单分为自上而下和自下而上两种。自上而下法通常针对层状结构材料，包括机械、热、化学腐蚀辅助的液相剥离法[192,193]。而对于天然的非层状材料，采用自上而下的方法合成二维材料是相当困难的，通常只能通过自下而上的方法来合成[194-199]。

例如，Xie、Kim 等[198,199]通过水热和溶剂热法制备了几种过渡金属氧化物的超薄纳米片。Li、Peng 和 Takenaka 等[194,196,197]以层状的氧化石墨烯为模板，经过焙烧后得到过渡金属氧化物纳米片。尽管目前有文献报道了一些非层状二维材料的制备方法，但是以简便、高效的方式制备二维金属氧化物纳米片仍是一个巨大的挑战。

如果我们以超薄 NS-CeO$_2$ 负载 Pd 催化剂用于脂肪醇氧化，能否提高其催化活性？在本章，我们将深入研究层状二氧化铈的合成策略并考察其在脂肪醇氧化中的催化性能。

4.2 实验部分

4.2.1 载体和催化剂制备

类石墨烯状的二维 CeO_2 纳米片的制备：将一定量的氧化石墨烯分散在 300 mL 无水乙醇中超声 1 h，随后将硝酸铈的稀乙醇溶液缓慢加入并继续超声 1 h，待混合溶液剧烈搅拌 24 h 之后，将里面的混合溶液倒入几个碟子中，整个过程全部在室温下进行。将所有的碟子放入电烘箱中，分别在 40 ℃静态蒸发 10 h，然后在 60 ℃蒸发 10 h，最后置于 80 ℃真空干燥箱中干燥 6 h，得到棕色固体样品。在玛瑙研钵中研磨得到棕色粉末，随后将样品置于马弗炉中，炉子温度采用程序升温方式，在静态空气气氛下，以 2 ℃/min 的升温速率从室温到 450 ℃并在 450 ℃保持 8 h，得到浅黄色的类石墨烯状的二维 CeO_2 纳米片（NS-CeO_2-450）。而样品在 600 ℃、700 ℃、850 ℃焙烧得到的二维 CeO_2 纳米片分别标记为 NS-CeO_2-600、NS-CeO_2-700、NS-CeO_2-850。

类石墨烯状 CeO_2 纳米片负载 Pd 催化剂（Pd/NS-CeO_2）的制备：Pd/NS-CeO_2 催化剂采用改进的液相还原法制备，首先将 0.5 g 不同温度下焙烧得到的二维 CeO_2 纳米片分散在 200 mL 去离子水中并超声分散 0.5 h，随后将稀的 H_2PdCl_4 溶液缓慢加入其中并剧烈搅拌 24 h，之后将新鲜制备的 $NaBH_4$ 溶液逐滴加入体系中（$NaBH_4$ 与 H_2PdCl_4 的摩尔比为 5：1），并搅拌过夜。在经过过滤、去离子水和乙醇多次洗涤之后，置于 60 ℃真空干燥箱中干燥 8 h 得到催化剂。所制备的催化剂分别命名为 Pd/NS-CeO_2-450、Pd/NS-CeO_2-600、Pd/NS-CeO_2-700 和 Pd/NS-CeO_2-850。

4.2.2 材料表征

所制备的氧化物载体和 Pd 催化剂经过 X 射线衍射光谱（XRD）、电感耦合等离子体（ICP-OES）、N_2 吸脱附、透射电镜（TEM）、扫描电镜（SEM）、热重（TGA）、X

射线光电子能谱（XPS）、X 射线吸收谱（XAS）、拉曼（Raman）光谱、原子力显微镜（AFM）、H_2-程序升温还原（H_2-TPR）和元素分析（EA）表征，具体操作过程详见第 2 章。

4.2.3　催化剂活性评价

催化剂反应性能评价及产物分析详见第 2 章。

4.3　结果与讨论

4.3.1　CeO$_2$纳米片制备

4.3.1.1　CeO$_2$纳米片形貌

在 450 ℃焙烧得到的 NS-CeO$_2$的扫描电镜图如图 4-1（a）所示。NS-CeO$_2$具有类似石墨烯的形貌，纳米片的横截面积约为几平方微米。插图显示的是二氧化铈纳米片在水中的悬浮液，它具有很明显的丁达尔效应，表明这种片层结构可以在水中高度分散。图 4-1（b）所示透射电镜照片进一步证实 NS-CeO$_2$为层状的结构，此外选区电子衍射呈现多个明亮的衍射环，表明所制备的纳米片为多晶结构。图 4-1（c）所示高分辨透射电镜图表明，NS-CeO$_2$表面为多孔结构，纳米片是由多个 5～10 nm 的小 CeO$_2$纳米片彼此连接构成的，这与选区电子衍射的结果相一致。从图 4-1（d）所示原子力显微镜图和相应的高度轮廓线上可以看出，纳米片的厚度为 3.7 nm，此外样品的轮廓线表明其表面非常粗糙，进一步揭示了其多孔的性质。

4.3.1.2　焙烧温度对 NS-CeO$_2$纳米片形貌的影响

GO 与硝酸铈经过自组装过程后（GO-Ce），采用程序升温热重分析其组分变化。GO-Ce 复合物从室温程序升温至 900 ℃的热重曲线如图 4-2 所示，从中可以看出样品在 50 ℃时开始分解,大约在 400 ℃时失重达到最大;温度继续升高,样品未出现明显的失重峰,表明这时石墨碳分解完全,形成了稳定的 CeO_2 物种。

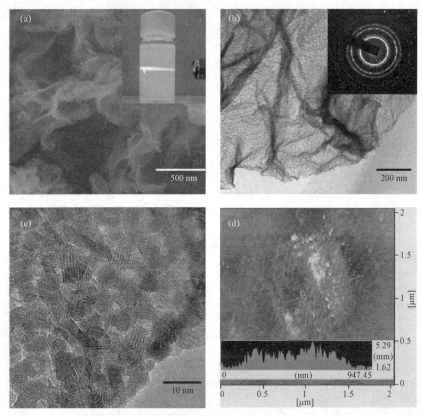

图 4-1　NS-CeO_2 样品:
(a) 扫描电镜图,插图是胶体悬浮液,表示典型的丁达尔效应;(b) 透射电镜图,插图表示 NS-CeO_2 的选区电子衍射图;(c) 高分辨透射电镜图;(d) 原子力显微镜图,插图表示 NS-CeO_2 的高度轮廓线

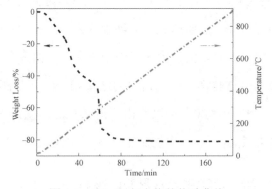

图 4-2　GO-Ce 复合物的热重曲线

　　GO-Ce 的 XRD 谱图表明 GO-Ce 复合物的结晶度非常低,其特征峰比 GO 的特征峰强度要弱得多,如图 4-3 所示。当 GO-Ce 复合物经过 200 ℃焙烧后,谱图呈现出类似 rGO

峰型的结构；进一步将焙烧温度提高到 300 ℃，XRD 谱图上出现很宽化的 CeO_2 特征峰，表明硝酸铈前驱体在 300 ℃时分解为二氧化铈，这与热重的结果一致。随着焙烧温度的继续升高，二氧化铈的 XRD 特征峰逐渐增强。与体相的 CeO_2 纳米颗粒相比，多孔 $NS-CeO_2$ 的特征峰向低角度方向移动，表明其出现了一定的晶格膨胀，这可能是由于片层 CeO_2 中 Ce^{3+} 浓度较高。从图 4-3（B）和表 4-1 可以看出，晶格参数从 $B-CeO_2$ 的 5.410 Å 增加到多孔 $NS-CeO_2$ 的 5.467 Å。同时，随着焙烧温度的继续升高，晶胞逐渐收缩，850 ℃ 焙烧得到的二氧化铈样品（$NS-CeO_2$-850）的晶胞参数与 $B-CeO_2$ 的基本持平。

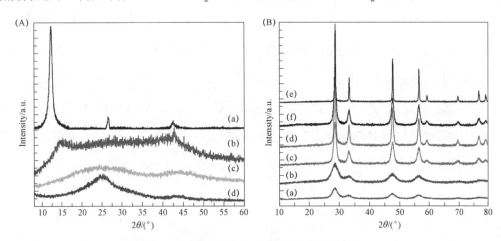

图 4-3　不同 GO 和 CeO_2 样品的 XRD 谱图：
（A）图中（a）GO、（b）GO-Ce-80、（c）GO-Ce-200、（d）rGO；
（B）图中（a）GO-Ce-300、（b）$NS-CeO_2$-450、（c）$NS-CeO_2$-600、（d）$NS-CeO_2$-700、（e）$NS-CeO_2$-850、（f）$B-CeO_2$

表 4-1　从 N_2 吸/脱附和 XRD 分析得到的不同二氧化铈样品和 GO 的
比表面积、孔径、晶粒尺寸和晶胞参数

Entry	Sample	Surface area/(cm²/g)	Pore size/nm	Crystal size/nm[①]	Cell parameter/Å[②]
1	GO-Ce-80	10.8	—	—	—
2	GO-Ce-200	11.2	—	—	—
3	GO-CeO₂-300	118.3	4.4	6.7	5.468
4	NS-CeO₂-450	83.5	4.6	7.4	5.467
5	NS-CeO₂-600	49.1	9.1	8.8	5.414
6	NS-CeO₂-700	20.5	23.2	14.9	5.412
7	NS-CeO₂-850	4.2	—	49.8	5.409
8	GO	36.4	—	—	—
9	B-CeO₂	61.5	5.9	10.7	5.410

注：① CeO_2 样品的晶体尺寸依据相应 CeO_2 样品的 XRD 谱峰中 CeO_2（111）、CeO_2（200）、CeO_2（220）和 CeO_2（113）特征衍射峰的展宽，使用 Scherrer 公式计算得到。

② 通过 MDI-Jade 软件从 CeO_2（111）、CeO_2（200）、CeO_2（220）和 CeO_2（113）四组晶面计算细胞参数。

由表 4-1 可知，未沉积硝酸铈前驱体的氧化石墨烯的比表面积为 36.4 cm²/g，经过自组装过程干燥后，GO-Ce-80 的比表面积减小至 10.8 cm²/g，自组装并干燥后样品的颜色不再是典型氧化石墨烯的黄褐色，而是变为黑色，样品从疏松变得略微紧密；经过 200 ℃焙烧后的样品（GO-Ce-200），其比表面积与 GO-Ce-80 相比变化不大（从 10.8 cm²/g 略微增大至 11.2 cm²/g），样品颜色依旧呈现黑色。这表明，此时样品中含有大量的石墨碳，根据之前的文献报道，氧化石墨烯在 80～200 ℃焙烧时，表面的含氧官能团会逐渐分解变为部分还原的氧化石墨烯，这与文献报道的结果相一致[158]。从 XRD 上也可以看出其谱峰未发生明显变化，CeO₂ 的相应特征峰也未出现。当 GO-Ce 在 300 ℃焙烧时，GO-Ce-300 的比表面积迅速增大到 118.3 cm²/g，而且从 N₂ 吸附等温线上可以发现其呈现出典型的介孔结构，孔道尺寸约为 4 nm，这与 TEM 图片的结果相一致，如图 4-4 所示。这时样品颜色也由黑色转变为浅黄色。随着焙烧温度的继续升高，样品的比表面积逐渐减小，而且孔径也逐渐增大，表明多晶的 NS-CeO₂ 在逐渐聚集。当焙烧温度达到 850 ℃之后，二氧化铈样品孔的特性基本消失。

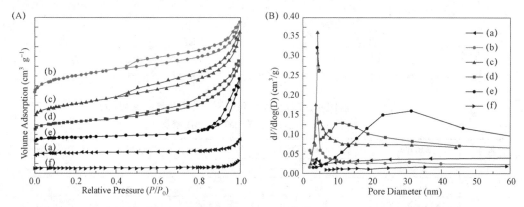

图 4-4　不同二氧化铈样品的 N₂ 吸附等温线和孔分布曲线：（a）GO-Ce-200，（b）GO-Ce-300，（c）NS-CeO₂-450，（d）NS-CeO₂-600，（e）NS-CeO₂-700 和（f）NS-CeO₂-850

不同温度焙烧得到的样品的扫描和透射电镜图如图 4-5 所示。在 600 ℃、700 ℃和 850 ℃下焙烧的样品都呈现类石墨烯的片层结构，随着焙烧温度的升高，样品的孔径和片层厚度都有明显的增加。此外，选区电子衍射从多层弱的衍射环向有序排布的阵列转变，表明 NS-CeO₂ 逐渐从多晶到纳米晶的转变。此外，GO-Ce 复合物的 EDX 面扫结果表明，硝酸铈前驱体在氧化石墨烯表面均匀分布，如图 4-6 所示。这可能也是能够形成片层二氧化铈的主要原因。

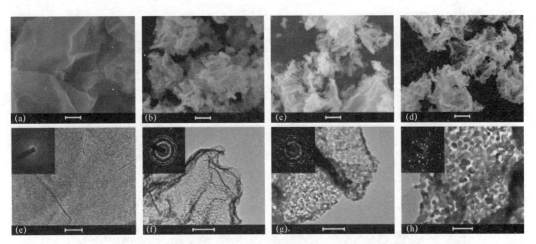

图 4-5　（a）、（e）GO-Ce-80；（b）、（f）NS-CeO$_2$-600；（c）、（g）NS-CeO$_2$-700 和
（d）、（h）NS-CeO$_2$-850 的扫描和透射电镜图（插图分别表示对应样品的选区电子衍射图，扫描和
透射电镜的标尺分别为 1 μm 和 200 nm）

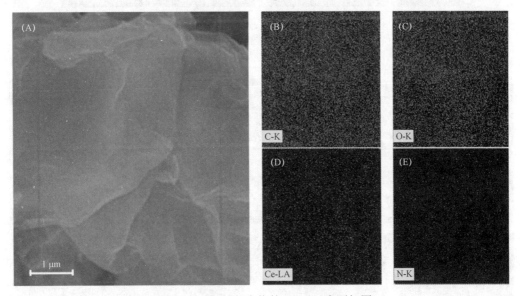

图 4-6　GO-Ce 复合物的 EDX 元素面扫图

4.3.1.3　NS-CeO$_2$ 形成的影响因素

我们对不同前驱体对 NS-CeO$_2$ 形成的影响进行了考察，如图 4-7 所示。结果发现以氯化亚铈和硝酸铈铵为前驱体时，也可以得到超薄的 NS-CeO$_2$。此外，当硝酸铈与 GO 质量比为 0.5～2 时，可以得到类石墨烯纳米片，随着 GO 含量的减少，NS-CeO$_2$

的厚度逐渐增加，当 GO 含量很少时，层状结构完全消失，形成聚集态的 CeO_2 颗粒，如图 4-8 所示。图 4-9 展现了焙烧气氛对 $NS\text{-}CeO_2$ 形成的影响，结果表明在流动的氧气气氛中多孔 $NS\text{-}CeO_2$ 也能够形成，但是在氩气和氢气中焙烧时，只能得到石墨烯负载的 CeO_2 颗粒。

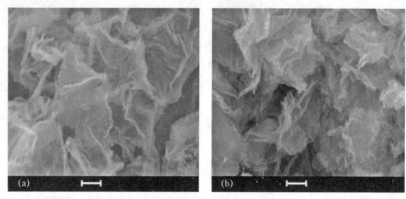

图 4-7　以不同铈盐前驱体最终得到的 $NS\text{-}CeO_2$ 的扫描电镜图：
（a）氯化亚铈；（b）硝酸铈铵（标尺为 1 μm）

图 4-8　不同质量比的硝酸铈和 GO 制备得到的二氧化铈样品的扫描电镜图：
（a）2；（b）1；（c）1/2；（d）1/3；（e）1/4；（f）1/8（标尺为 1 μm）

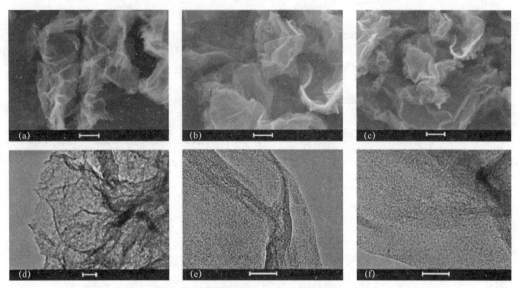

图 4-9　不同气氛中焙烧 GO-Ce 得到二氧化铈样品的扫描和电镜图：

（a）、（d）氧气；（b）、（c）氩气；（c）、（f）氢气，

（a）～（c）标尺为 1 μm，（d）～（f）标尺为 50 nm

4.3.2　CeO₂ 纳米片的表征

4.3.2.1　X 射线光电子能谱（XPS）表征

NS-CeO₂ 和 B-CeO₂ 颗粒的 Ce 3d XPS 谱图如图 4-10（a）所示，所有样品都包含 Ce³⁺和 Ce⁴⁺两类物种，但是不同的样品中两种 Ce 物种的相对含量差别很大。一般地，Ce³⁺物种来自二氧化铈上的氧空位且 CeO₂ 表面 Ce³⁺的含量与氧空位的浓度直接相关[200,201]。不同 CeO₂ 样品表面 Ce³⁺的半定量数据见表 4-2，其中 NS-CeO₂-450 表面的 Ce³⁺比例为 23.2%，远高于 B-CeO₂ 的 15.0%。此外，NS-CeO₂ 表面的 Ce³⁺浓度随着焙烧温度的升高而逐渐降低。在 O 1s 的 XPS 谱图中，电子结合能在 533-531 eV 和 530-528 eV 的峰分别归属为 Ce³⁺-O 和 Ce⁴⁺-O 物种[202]，如图 4-10（c）所示。很显然，NS-CeO₂-450 与 B-CeO₂ 和 NS-CeO₂-850 相比，具有更多的 Ce³⁺-O 物种，与 Ce 3d XPS 结果相一致。

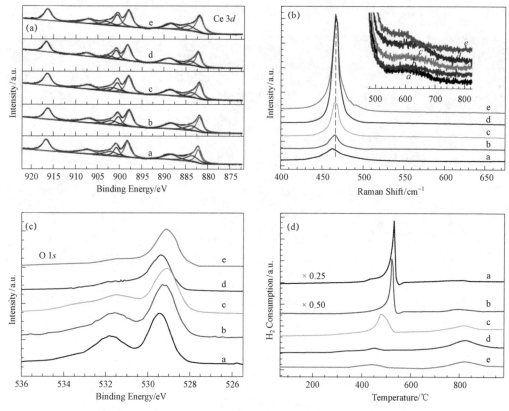

图 4-10　不同二氧化铈样品的 Ce 3d XPS、拉曼、O 1s 和 H$_2$-TPR 谱图：
a—NS-CeO$_2$-450；b—NS-CeO$_2$-600；c—NS-CeO$_2$-700；d—NS-CeO$_2$-850；e—B-CeO$_2$

表 4-2　不同 CeO$_2$ 样品中 Ce^{3+}浓度

Entry	Sample	Ov/F$_{2g}$[①]	Ce^{3+}in CeO$_2$/%[②]	Ce^{3+}on the surface/%
1	NS-CeO$_2$-450	0.261	20.7	23.2
2	NS-CeO$_2$-600	0.227	18.5	19.7
3	NS-CeO$_2$-700	0.191	16.0	18.1
4	NS-CeO$_2$-850	0.146	12.7	14.8
5	B-CeO$_2$	0.149	13.0	15.0

注：① Ov/F$_{2g}$ 值从 Raman 谱图中积分得到。
② CeO$_2$ 中体相 Ce^{3+}的浓度通过公式 Ov/(F$_{2g}$+Ov)×100%计算得到。
③ CeO$_2$ 表面 Ce^{3+}的浓度由 Ce 3d XPS 谱图积分得到。

4.3.2.2　拉曼（Raman）光谱表征

样品的拉曼光谱图如图 4-10（b）所示。位于 466 cm^{-1} 的强的特征峰是 CeO$_2$

的 F_{2g} 振动，它与 Ce^{4+} 物种有关，而在 600 cm^{-1} 左右较弱的肩峰（Ov）归属为氧空位或者 Ce^{3+} 物种[202,203]。从图中可以看出，相比于 B-CeO$_2$、NS-CeO$_2$-450 的 F_{2g} 振动向低波数方向移动（从 466.0 cm^{-1} 到 462.8 cm^{-1}）并且谱峰更加宽化，这种偏移是由于 CeO$_2$ 存在较多氧空位导致结构软化引起的。从表 4-2 可以看出，Ov/F_{2g} 的值随着焙烧温度的升高而逐渐减小，从 NS-CeO$_2$-450 的 0.261 减小为 NS-CeO$_2$-850 的 0.146，表明 NS-CeO$_2$-450 具有更多的表面氧空位和 Ce^{3+} 浓度，与 XPS 结果一致。

4.3.2.3　H$_2$ 程序升温还原（H$_2$-TPR）

H$_2$-TPR 进一步表征了 NS-CeO$_2$ 上氧物种的还原性能。如图 4-10（d）所示，对于 NS-CeO$_2$-450 样品，CeO$_2$ 的还原从 335 ℃开始，到大约 528 ℃处出现一个非常强的氢气消耗峰，它归属于表面 CeO$_2$ 被还原产生的消耗。同时，在 785 ℃处出现一个很小且很宽化的峰，则归属为体相 CeO$_2$ 的还原峰。相比之下，B-CeO$_2$ 在 447 ℃出现一个非常小的峰，但是在 820 ℃处出现一个很大的宽峰。H$_2$-TPR 结果表明，与 B-CeO$_2$ 相比，NS-CeO$_2$-450 具有更多的表面可还原氧物种。此外，NS-CeO$_2$ 表面可还原的氧物种随着焙烧温度的升高急剧减少，这可能是由于 CeO$_2$ 片层厚度增加，表面氧物种逐渐丧失所致，与 XPS 和 Raman 的结果相一致，具体见表 4-3。

表 4-3　从 H$_2$-TPR 上得到的不同 CeO$_2$ 样品表面和体相 CeO$_2$ 的还原峰位置和峰面积

Entry	Sample	Peak position/℃		Peak area/a.u.		$A_{surface}/(A_{bulk}+A_{surface})$/%
		Surface	Bulk	Surface	Bulk	
1	NS-CeO$_2$-450	528	785	27 646	1 301	95.5
2	NS-CeO$_2$-600	521	793	13 146	1 495	89.8
3	NS-CeO$_2$-700	482	820	4 533	2 493	64.5
4	NS-CeO$_2$-850	452	827	1 167	4 657	20.0
5	B-CeO$_2$	447	820	1 431	3 772	27.5

注：$A_{surface}$ 表示 H$_2$-TPR 谱峰中与表面相关的 CeO$_2$ 物种被还原的积分面积，而 A_{bulk} 表示与体相 CeO$_2$ 物种的还原有关的积分面积。

4.3.2.4　元素分析（EA）

不同 NS-CeO$_2$ 样品的化学计量数据以及去除 GO 模板之后 C 和 S 元素的残留量见表 4-4。显然，随着焙烧温度的升高，NS-CeO$_2$ 表面 O/Ce 的值逐渐增大，残留的 C 和 S 的含量逐渐降低。300 ℃焙烧得到的 NS-CeO$_2$-300，C 和 S 的残留量分别是 4.58 wt.% 和 2.96 wt.%。450 ℃焙烧得到的 NS-CeO$_2$-450，C 和 S 的残留量则降低到 0.42 wt.% 和 0.41 wt.%。随着焙烧温度继续升高，C 和 S 基本分解完全。

表 4-4　不同温度下不同 NS-CeO$_2$ 样品的化学计量数据及 C 和 S 元素的残留量

Entry	Sample	Content of surface Ce^{3+}/%	Surface O/Ce ratio[①]	Residual C/wt.%[②]	Residual S/wt.%[②]
1	NS-CeO$_2$-200	27.8	1.86	4.58	2.96
2	NS-CeO$_2$-400	25.4	1.87	2.34	1.92
3	NS-CeO$_2$-450	23.2	1.88	0.42	0.41
4	NS-CeO$_2$-600	19.7	1.90	0.22	0.32
5	NS-CeO$_2$-700	18.1	1.91	0.13	0.28
6	NS-CeO$_2$-850	14.8	1.93	0.10	0.13

注：① XPS 结果得到的表面 Ce^{3+}比例与 Ce/O 值。
② 元素分析检测的样品中残留的 C 和 S。

4.3.3　CeO$_2$ 纳米片形成机理及其普适性考察

石墨烯是一种二维蜂窝网状 sp^2 杂化的碳材料[158]。采用改进的溶剂挥发诱导自组装（EISA）法，首先将硝酸铈前驱体均匀地分散在石墨烯氧化物（GO）纳米片的表面，形成非晶态的 GO-Ce 复合物。如图 4-3（A）所示，从 XRD 谱图上可以看出相比于 GO，GO-Ce 复合物显示了非常弱的衍射峰。而且 GO 在 12.2°处的强衍射峰是典型的 C（001）面的特征峰[204]，表示相邻碳层之间的间距，但是在 GO-Ce 样品中，衍射峰则移动到 14.6°。按照布拉格公式计算，层间距从 GO 的 0.704 nm 减小至 GO-Ce 复合物的 0.588 nm。从表 4-1 中 GO-Ce 的 BET 比表面积结果可以看出，当浸渍硝酸铈物种之后，GO 的比表面积从 36.4 cm^2/g 减小到 10.8 cm^2/g。另外从扫描电镜上也可看出，GO-Ce 复合物呈现堆叠的片层结构，这是 GO 与金属氧化物前驱体之间存在强相互作用所致。如图 4-3（A）所示，GO-Ce 经过 200 ℃焙烧处理之后，仍然呈现堆叠的层状结构而且其 XRD 谱图与部分还原的氧化石墨烯（rGO）类似，说明在该过程中经过了类似 GO 的热还原过程。当样品在 300 ℃焙烧时，伴随着碳物种峰的消失，产物开始呈现很弱的 CeO_2 特征峰。结合 TG 和 XRD 的表征结果，我们可以得出结论，在 200～300 ℃焙烧过程中，Go-Ce 复合物经历了硝酸铈前体的分解和碳层的热解过程。当焙烧温度提高到 450 ℃时，碳层基本完全消失，形成较高结晶度的 NS-CeO_2。

二维 NS-CeO_2 的形成过程如图 4-11 所示，GO 粉末首先超声分散在乙醇溶液中，与硝酸铈前驱体混合并自组装形成 GO-Ce 复合物。GO-Ce 复合物在焙烧过程中逐渐形成很多小的 CeO_2 纳米片，伴随着硝酸铈前驱体的分解以及碳层的热解过程，小的 CeO_2 纳米片最终彼此连接，形成多孔的 NS-CeO_2。

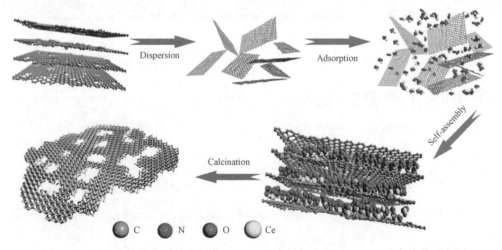

图 4-11　用改进的蒸发诱导自组装（EISA）法制备多孔 NS-CeO_2 纳米片的示意图

这种方法被证明是一种合成金属氧化物纳米片的通用策略。除 NS-CeO_2 外，一系列其他金属氧化物被成功制备，包括 TiO_2、ZrO_2、CoO_x、NiO、CuO、Al_2O_3、Cr_2O_3-ZnO、MnO_x-Al_2O_3、FeO_x-CoO_x、CuO-ZrO_2、CuO-CeO_2-ZrO_2 和 MnO_x-CeO_2-ZrO_2 等。所有的这些金属氧化物的形貌都为类石墨烯的片层结构，如图 4-12 所示。此前，Huang 等[194]将 GO 和金属氢氧化物复合来制备二维金属氧化物纳米片，发现无定型的前驱体向晶型的金属氧化物转变是形成二维结构的关键；然而当相应的金属氢氧化物在低温下就易形成晶体时，他们的方法就不太奏效。而在该工作中，GO 和金属前驱体未经过沉淀过程就直接焙烧转化为二维材料，这可能是该方法普适性高的原因。

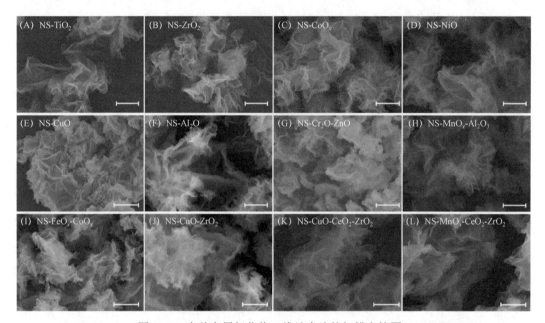

图 4-12　多种金属氧化物二维纳米片的扫描电镜图

4.3.4　Pd/NS-CeO$_2$ 催化剂表征

4.3.4.1　催化剂物化性质及结构组成

Pd/NS-CeO$_2$ 和 Pd/B-CeO$_2$ 催化剂的实际负载量、BET 比表面积、孔容和孔径等信息见表 4-5。结合表 4-1 结果，说明 Pd 的负载并未改变 CeO$_2$ 的基本结构。对于不同理论负载量的 Pd/NS-CeO$_2$-450 催化剂而言，催化剂进行电感耦合等离子体-原子发射光谱表征发现，其真实负载量与理论投料值相差很小，说明 Pd 物种容易与 CeO$_2$ 产生较强的相互作用[205]。从图 4-13 可以看出，四种催化剂均表现出典型的 IV 型吸附等温线，表明它们均含有介孔结构，说明 Pd 的负载并未导致相应 CeO$_2$ 载体的孔道结构发生较大的变化。对比四组 CeO$_2$ 载体和 Pd/CeO$_2$ 催化剂的吸附等温线，可以发现负载 Pd 前后，等温线的峰型也无明显变化，进一步表明 Pd/CeO$_2$ 的结构稳定性。

此外，从图 4-14 所示的 XRD 谱图中可以看出，四组 Pd/CeO$_2$ 催化剂都只显示 CeO$_2$ 的特征峰，与相应的 CeO$_2$ 载体谱峰没有明显差异，且都未发现任何 Pd 物种的特征峰，这表明 Pd 物种高度分散在四种 CeO$_2$ 载体上。

表 4-5　不同结构及组成的 Pd/NS-CeO$_2$ 和 Pd/B-CeO$_2$ 催化剂的真实负载量、
BET 比表面积、孔容和孔径

Catalyst	Actual loading[①]/wt.%	BET surface area[②]/ $(cm^2\,g^{-1})$	Pore volume[②]/ $(cm^3\,g^{-1})$	Pore size[②]/nm
Pd$_1$NS-CeO$_2$-450	0.92	92.2	0.14	7.9
Pd$_1$/NS-CeO$_2$-600	0.93	50.2	0.11	11.2
Pd$_1$/NS-CeO$_2$-700	0.90	21.3	0.10	25.4
Pd$_1$/B-CeO$_2$	0.95	62.9	0.09	5.9
Pd$_2$/NS-CeO$_2$-450	1.94	93.4	0.14	7.1
Pd$_4$/NS-CeO$_2$-450	4.01	93.6	0.13	6.9
Pd$_6$/NS-CeO$_2$-450	5.81	92.4	0.13	6.4

注：① Pd 的真实负载量通过 ICP 分析计算获得。
② 孔径通过 N$_2$ 吸附－脱附曲线计算获得。

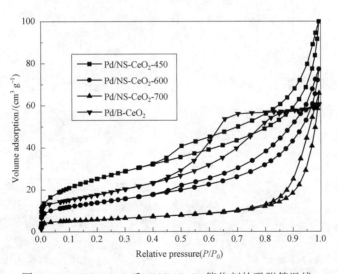

图 4-13　Pd/NS-CeO$_2$ 和 Pd/B-CeO$_2$ 催化剂的吸附等温线

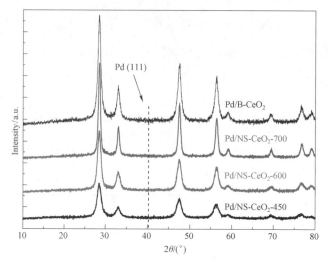

图 4-14　不同 Pd/NS-CeO$_2$ 和 Pd/B-CeO$_2$ 催化剂的 XRD 谱图

4.3.4.2　SEM 和 TEM 表征

四种催化剂的 SEM 照片如图 4-15 所示，从图上可以看出，三种 NS-CeO$_2$ 负载

图 4-15　SEM 照片：
（a）Pd/NS-CeO$_2$-450；（b）Pd/NS-CeO$_2$-600；（c）Pd/NS-CeO$_2$-700；（d）Pd/B-CeO$_2$

Pd 之后形貌没有发生明显变化，仍呈现类石墨烯片层结构，而颗粒状的 CeO_2 形貌也基本没变，这与 XRD 谱图的结果相一致。图 4-16 所示的 TEM 照片显示，三种 $Pd/NS-CeO_2$ 和 $Pd/B-CeO_2$ 催化剂都主要暴露 CeO_2（111）晶面，但是在所有的照片中均未发现 Pd 物种的晶面，表明 Pd 物种高度分散在 CeO_2 表面，这与 XRD 结果相一致。

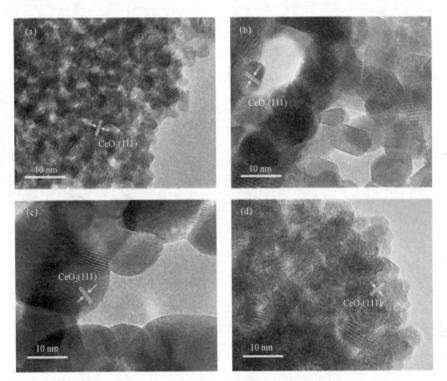

图 4-16　TEM 照片：
（a）$Pd/NS-CeO_2-450$；（b）$Pd/NS-CeO_2-600$；（c）$Pd/NS-CeO_2-700$；（d）$Pd/B-CeO_2$

4.3.4.3　XPS、EXAFS 和 Raman 表征

四种催化剂上 Pd 物种的 $3d$ XPS 谱图如图 4-17（a）所示，四种催化剂都在 335.6 eV、337.8 eV、340.8 eV 和 343.0 eV 处出现四个峰。根据文献报道，335.6 eV 和 340.8 eV 归属于金属态 Pd^0 的特征峰，而 337.8 eV 和 343.0 eV 则是离子态 Pd^{2+} 的特征峰，表明四种催化剂均含有 Pd^{2+} 和 Pd^0 两种价态[164]。此外，对比四种催化剂发现，$Pd/NS-CeO_2-450$ 中金属态 Pd 的比例最低，而 $Pd/B-CeO_2$ 中 Pd^0 比例最高。根据文献

报道[206,207]，当 CeO_2 中 Ce^{3+} 浓度较高时，与 Pd 所形成的相互作用界面就更多，因而 Pd^{2+} 也越多。由 XPS 和 Raman 得到的催化剂表面的 Ce^{3+} 浓度展示在图 4-17（b）中，发现所有 CeO_2 载体负载 Pd 之后，Ce^{3+} 浓度都有一定的增加，这是 Pd 与 CeO_2 之间存在强相互作用所致。

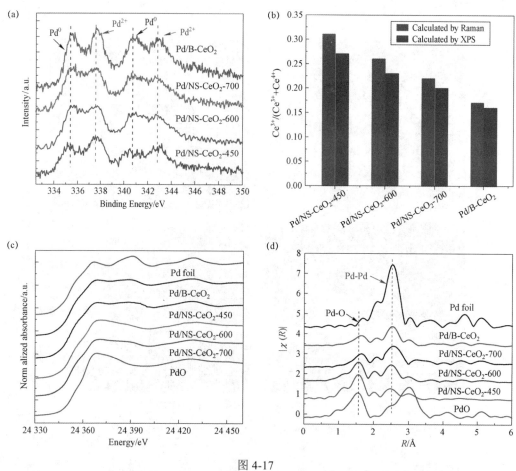

图 4-17

（a）不同 Pd/CeO_2 催化剂的 Pd 3d XPS 光谱；（b）Raman 和 XPS 结果得到的 Ce^{3+} 浓度、
（c）Pd 的 k 边 XANES 谱；（d）EXAFS 谱

此外，从 X 射线近边吸收谱（XANES）可以看出，$Pd/NS\text{-}CeO_2\text{-}450$ 中 Pd 组分的谱峰与 PdO 的相似，表示它具有更多的 Pd^{2+}，而 $Pd/B\text{-}CeO_2$ 的则更接近 Pd 箔的峰，表示其含有更多的 Pd^0。从拓展边吸收精细结构（EXAFS）可以看出，从 $Pd/NS\text{-}CeO_2\text{-}450$、$Pd/NS\text{-}CeO_2\text{-}600$、$Pd/NS\text{-}CeO_2\text{-}700$ 到 $Pd/B\text{-}CeO_2$，Pd-O 键强度逐渐减弱，而 Pd-Pd 键强度逐渐增强，表示 $Pd/NS\text{-}CeO_2\text{-}450$ 含有更多的 Pd^{2+}，$B\text{-}CeO_2$ 存

在更多的 Pd^0，这与 XPS 和 XANES 结果相一致，具体见表 4-6。此外，催化剂上的 Pd 物种平均配位数都很低，均小于 4.6，说明其不饱和度很高，Pd 颗粒很小，与 XRD 和 TEM 的表征结果一致。

表 4-6　不同 Pd/NS-CeO$_2$ 和 Pd/B-CeO$_2$ 的 Pd 的 k 边 EXAFS 拟合数据结果

Sample	Shell	CN	N_{total}	R/Å	ΔE/eV	σ^2/Å^2	R-factor
Pd/NS-CeO$_2$-450	Pd-O	2.4（±0.2）	3.2	1.99（±0.02）	5.39	0.003	0.015 9
	Pd-Pd	0.8（±0.3）		2.72（±0.01）	0.12	0.004	
Pd/NS-CeO$_2$-600	Pd-O	2.0（±0.4）	3.9	1.99（±0.03）	8.24	0.004	0.005 8
	Pd-Pd	1.9（±0.1）		2.73（±0.02）	0.03	0.002	
Pd/NS-CeO$_2$-700	Pd-O	1.8（±0.5）	4.1	2.01（±0.03）	9.25	0.006	0.007 2
	Pd-Pd	2.3（±0.4）		2.73（±0.02）	0.15	0.002	
Pd/B-CeO$_2$	Pd-O	1.1（±0.3）	4.6	2.01（±0.04）	8.94	0.005	0.004 6
	Pd-Pd	3.5（±0.2）		2.74（±0.01）	0.21	0.001	

注：CN 表示配位数，ΔE 表示内核能量校正；R 表示原子间距，σ^2 表示 Debye-Waller 因子（拟合范围为 3< k<11，1.2<R<3.2，体系的独立点数为 9.5）。

4.3.5　催化剂活性评价

4.3.5.1　催化活性比较

不同催化剂在丁醇氧化反应中的活性比较见表 4-7，下面所列出的催化反应的碳平衡均超过 97%。当载体 NS-CeO$_2$-450 在 100 ℃下进行丁醇氧化时，即使反应 24 h 仍未检测到明显的产物峰，表明 CeO$_2$ 并不能催化丁醇氧化。但是，Pd/NS-CeO$_2$-450 在 60 ℃时就有催化活性，丁醇的转化率为 52.3%，产物为丁醛和丁酸，而且 TOF 也可以达到 31 h^{-1}。

表 4-7　不同催化剂在丁醇氧化反应中的评价结果

Catalyst	Time/h	Temperature/℃	Conversion/%	Selectivity[3]/%	TOF[4]/h^{-1}	Carbon balance/%
NS-CeO$_2$-450[1]	24	100	—	—	—	99.9

续表

Catalyst	Time/h	Temperature/℃	Conversion/%	Selectivity[3]/%	TOF[4]/h^{-1}	Carbon balance/%
Pd/NS-CeO$_2$-450[1]	24	60	52.3	64.6	31	99.4
Pd/NS-CeO$_2$-450[1]	24	80	65.1	79.5	42	99.1
Pd/NS-CeO$_2$-450[2]	16	100	73.8	78.6	57	98.1
Pd/NS-CeO$_2$-450[2]	24	100	83.7	90.6	57	97.5
Pd/NS-CeO$_2$-600[2]	24	100	72.5	88.4	45	98.8
Pd/NS-CeO$_2$-700[2]	24	100	61.2	87.6	39	98.1
Pd/B-CeO$_2$[2]	24	100	50.9	89.2	32	99.4

注：① 6 mL 去离子水，5.6 mmol 底物，一定量的催化剂（底物与 Pd 的摩尔比大约为 300/1），0.5 MPa 氧气；搅拌速度为 700 r/min。

② 6 mL 去离子水，5.6 mmol 底物，一定量的催化剂（底物与 Pd 的摩尔比大约为 300/1），0.5 MPa 氧气。

③ 选择性指的是正丁酸。

④ 反应的 TOF 基于初始反应 0.5 h 的值计算得到。

继续升高反应温度，在 100 ℃时，丁醇的转化率可以达到 83.7%，丁酸的选择性也提高到 90.6%。而丁醇在 Pd/NS-CeO$_2$-600、Pd/NS-CeO$_2$-700 和 Pd/B-CeO$_2$ 上的反应活性依次降低，丁醇的转化率分别为 72.5%、61.2% 和 50.9%。一系列表征结果表明丁醇的催化活性似乎与 Pd 与 CeO$_2$ 之间的相互作用有关，强的相互作用可能会提高丁醇的氧化活性。

4.3.5.2　载体的影响

不同载体负载 Pd 催化剂进行丁醇氧化的评价结果如图 4-18 所示。载体对催化剂的活性影响有很大差别，与其他载体相比，CeO$_2$ 可以显著提高丁醇氧化活性。相同条件下，Pd/NS-CeO$_2$-450 的 TOF 是其他催化剂的 2～10 倍。此外，我们与近几年来文献报道的催化剂进行了催化活性比较，具体结果见表 4-8。尽管活性金属的尺寸、价态、催化剂制备方法等都不相同，但是从直观的结果来看，Pd/NS-CeO$_2$-450 具有更高的催化活性。

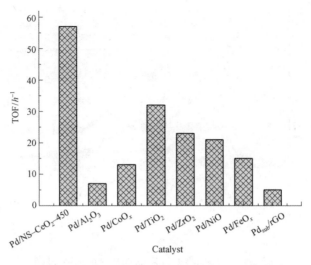

图 4-18　不同载体 Pd 催化剂上丁醇氧化的 TOF 值，在反应的前半小时，
计算以每小时每摩尔 Pd 上转化的丁醇的摩尔数得到

表 4-8　Pd/NS-CeO$_2$-450 催化剂与文献报道的结果对比

Catalyst	Substrate	Molar ratio	Temprature/℃	Conversion/%	Selectivity/%	Ref
AuPd/TiO$_2$	Butanol	300	100	63.5	92.1	[191]
Pt-Pd/TiO$_2$	Octanol	500	100	75.2	76.2	[192]
Pd/C	Butanol	20	80	90.6	94.3	[193]
Ru/SiO$_2$	Butanol	200	100	7.5	37.2	[194]
AuPd/LDH	Octanol	16.5	55	73.0	42.1	[195]
Pd/NS-CeO$_2$	Butanol	300	80	65.1	79.5	This work
Pd/NS-CeO$_2$	Butanol	500	100	83.7	90.6	

4.3.5.3　Pd 负载量的影响

　　金属组分的负载量也会显著影响催化剂的反应性能，而且可以更好地建立催化剂结构和反应性能之间的构效关系，更深入地了解反应机理，明确催化活性位。不同 Pd 负载量的价态信息如图 4-19 所示，随着负载量的增加，金属 Pd^0 组分明显增多，Pd 与 CeO$_2$ 之间的界面逐渐减小。不同负载量的 Pd/NS-CeO$_2$-450 催化剂进行丁醇氧化反应的结果如图 4-20 所示，保持 Pd 与丁醇之间的摩尔比一定，根据负载量调整催化剂的用量来进行丁醇氧化评价。显然，Pd 物种的催化效率随着 Pd 负载量的升高而显著降低。这一结果表明丁醇氧化很可能发生在 Pd 与 CeO$_2$ 相互作用界面处。

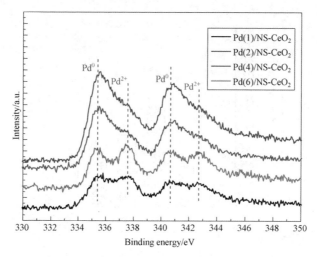

图 4-19　不同负载量的 Pd 催化剂的 XPS 谱图

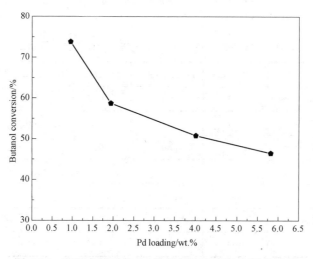

图 4-20　不同负载量的 Pd 催化剂的丁醇氧化评价结果

4.3.5.4　催化剂稳定性及底物适用性考察

Pd/NS-CeO$_2$-450 催化剂的循环稳定性评价结果如图 4-21 所示。经过 5 次循环后，其催化活性几乎没有降低，丁醇的转化率仍然保持在 80% 左右，丁酸的选择性也高于 90%，表现出优异的稳定性，这也归因于 CeO$_2$ 和 Pd 之间强的相互作用。此外，Pd/NS-CeO$_2$-450 在其他脂肪醇氧化中的催化评价结果见表 4-9。可以发现，该催化剂对一系列的脂肪醇都有较高的催化活性以及选择性，显示出很好的底物适用性。

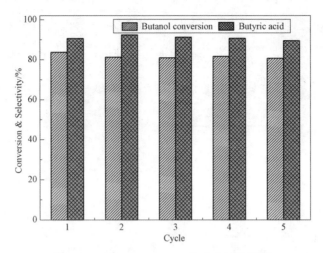

图 4-21　Pd/NS-CeO$_2$-450 的稳定性能测试

表 4-9　Pd/NS-CeO$_2$-450 催化其他脂肪醇氧化

Substrate	Time/h	Temperature/℃	Conversion/%	Selectivity/%
Ethanol	24	100	65.7	77.4
Propanol	24	100	72.6	79.5
Pentanol	24	100	76.4	80.1
Hexanol	24	100	82.4	79.2
Octanol	24	100	80.7	69.4
Cyclohexanol	24	100	82.3	92.3
2-Octanol	24	100	88.4	90.6

注: 反应条件为 6 mL 去离子水, 5.6 mmol 底物, 一定量的催化剂(底物与 Pd 的摩尔比大约为 500/1), 0.5 MPa 氧气; 搅拌速度为 700 r/min。

4.3.5.5　反应机理探究

通过上文的催化剂结构表征和活性评价结果发现, CeO$_2$ 与 Pd 之间的相互作用会显著影响催化剂的活性, 载体 CeO$_2$ 中氧空位会有效提高醇类氧化活性。根据文献报道, 载体 CeO$_2$ 会显著提高催化剂的活化氧能力, 而且其可以与 Pd 颗粒协同作用, 共同参与到反应过程中[188]。图 4-22 将催化剂表面的离子态 Pd^{2+} 比例、Ce^{3+} 浓度和丁醇氧化反应的 TOF 值进行关联, 发现三者之间呈现出很好的线性关系, 表明丁醇氧化反应活性与 Pd 和 CeO_2 之间构成的界面息息相关，当 CeO_2 表面存在更多的 Ce^{3+} 位点时，其可以与 Pd 之间形成更强的相互作用，Pd-O-Ce 界面也就更多，催化活性也明显提升，因此界面位点是丁醇氧化主要的催化活性位，多孔 NS-CeO_2 与 Pd 的相互作用面更大，使其具有更高的催化活性。

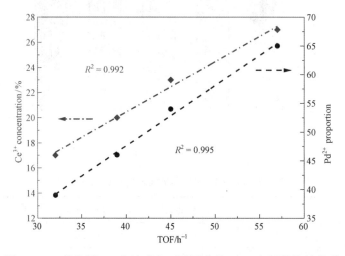

图 4-22　Pd^{2+} 比例、Ce^{3+} 浓度与丁醇反应的 TOF 之间的构效关系

4.4　本章小结

在本章，我们研究了类石墨烯结构的片层 NS-CeO_2 负载的 Pd 团簇催化剂用于丁醇选择性氧化反应。针对二维片层 CeO_2 的制备、形成机理以及方法普适性进行考察，进而负载 Pd 得到催化剂，研究了不同形貌、表面缺陷的 CeO_2 载体对丁醇氧化反应的影响。本章研究得到的主要结论有以下几点。

（1）通过改进的溶剂挥发诱导自组装法成功制备了二维类石墨烯 NS-CeO_2，并且考察了不同条件对 NS-CeO_2 形成的影响。

（2）通过一系列表征发现二维片层 CeO_2 表面富含缺陷和空位。

（3）通过研究这种片层结构的形成过程，找到了二维片层氧化物的形成机制，首先金属氧化物前驱体均匀分散在 GO 表面，随后经过氧化物的分解以及碳层的缓慢热解，最终得到二维片层结构。该方法具有很好的普适性，可以得到数十种金属氧化物的纳米片。

（4）二维片层 CeO_2 负载 Pd 团簇催化剂表现出好的丁醇氧化活性，通过对比实验和表征发现 Pd 和 CeO_2 之间的相互作用界面可能是其催化活性高的原因。进一步研究发现离子态 Pd^{2+} 比例、Ce^{3+} 浓度与反应 TOF 之间存在很好的线性关系，证实 Pd 与 CeO_2 形成的相互作用界面是丁醇氧化的主要活性位。

第 5 章 醇类氧化反应模型催化剂的 构筑及机理研究

5.1 本章引言

在前两章，我们主要研究了石墨烯和类石墨烯 CeO_2 负载的 Pd 团簇在芳香醇和脂肪醇氧化方面的作用，发现界面位点可能是导致催化性能提升的关键因素。在本章，我们设想通过建立模型催化剂研究醇氧化机理，建立清晰的构效关系，明确界面活性位点。

在醇氧化反应中，部分可还原的金属氧化物，如 CeO_2 和 TiO_2 作为载体可以有效提升催化剂的活性。Abad 等[188]将 Au 颗粒负载在富含缺陷的 CeO_2 颗粒上进行醇氧化反应，表现出很高的催化活性，TOF 值与文献报道的高活性的 Pd 催化剂接近。Smolentseva 和他的合作者[208]研究发现将活性组分负载在 $CeO_2\text{-}Al_2O_3$ 复合氧化物载体上可以高效催化苯甲醇酯化反应，根据复合氧化物组成的变化，其催化活性排序为 $Au/Al_2O_3 < Au/CeO_2 < Au/Ce_{10}\text{-}Al < Au/Ce_{30}\text{-}Al$。

目前，CeO_2 被认为是醇氧化反应中最有前景的载体之一，进一步的研究表明，其形貌对催化性能也有着重要的影响。Mullen 等[209]研究发现 CeO_2 晶粒尺寸对其催化活性有很大的影响，小尺寸的 CeO_2 晶粒表现出更高的储氧能力以及更高的乙醇氧化活性。Xu 等[210]也发现高度分散的 Pd 颗粒要比较大的 Pd 颗粒活性高很多，研究者认为较大颗粒的 Pd 物种抑制了与界面 CeO_2 之间的相互作用，从而导致催化活性降低。Wang 等[211]发现相比于 CeO_2 的（100）和（111）晶面，Au 颗粒负载在 CeO_2 的（110）晶面具有更高的催化活性，研究者将此归因于它们之间更强的相互作用。事实上，暴露有（110）晶面的 CeO_2 纳米棒具有更高浓度的氧空位，负载金属后在多种反应中展现出了很高的活性[212-214]。

到目前为止，人们对于金属负载 CeO_2 体系用于醇类氧化反应的真正活性位仍没有达成一致的看法。Gao、Guan 等[67,215]研究认为金属态物种是催化活性组分。然而，一些学者认为位于界面处的离子态物种才是催化活性组分，这一结论也被后来的扫描隧道显微镜和 DFT 计算结果所证实。此外，Abad 等[188]认为醇分子首先在 CeO_2 表面脱去羟基氢物种；而 Li 等[77]则认为醇分子首先在离子态 Au 上被活化，形成 Au-醇盐中间体。

虽然 Pd 基催化剂的催化活性最高，但是小颗粒的 Pd 物种非常不稳定，极易在放置和储存中被空气氧化，因此给人们研究其催化活性位带来了很大的挑战。相比之下，Au 基催化剂的催化活性较差，但是其化学稳定性很高，不会被轻易氧化，因此本章以 Au/CeO_2 催化体系来研究醇氧化反应机理。首先通过控制条件得到三种模型催化剂，即 CeO_2 纳米棒负载的 Au 单原子（$Au-SA/CeO_2-NR$）、Au 团簇（$Au-NC/CeO_2-NR$）和 Au 颗粒（$Au-NP/CeO_2-NR$）三种催化剂。随后对比研究其催化活性并进行详细的表征分析，进一步进行反应机理探究以及动力学分析，得出比较清晰的结论。

5.2　实验部分

5.2.1　催化剂制备

CeO_2 纳米棒的制备：二氧化铈纳米棒（CeO_2-NR）是根据文献报道中的方法水热合成的[216]。具体步骤为，将 10 mL，4.5 mmol 的六水硝酸铈 $[Ce(NO_3)_3 \cdot 6H_2O]$

逐滴加入氢氧化钠（70 mL，6 mol/L）水溶液中，搅拌 20 min，随后将悬浮液转移到 100 mL 含有聚四氟乙烯内衬的水热反应釜中，在 100 ℃静态水热反应 24 h。沉淀物经过离心，用水和乙醇洗涤数次去掉无机离子和未反应的物种，最终在 80 ℃真空干燥得到棒状 CeO_2。

不同形貌 CeO_2 负载 Au 催化剂的制备：单原子 Au 负载二氧化铈纳米棒催化剂（Au-SA/CeO_2-NR）根据文献报道的方法略加改进制备得到[217]。具体步骤为，将 1 g CeO_2-NR 分散在 50 mL 去离子水中，超声分散 1 h；随后将稀的碳酸铵溶液（25 mL，4 g）缓慢加入其中并继续超声 30 min，混合溶液搅拌 20 min 后，将稀的氯金酸（25 mL，0.05 mmol）水溶液逐滴加入溶液中并剧烈搅拌 90 min，之后过滤，并用 70 ℃的去离子水洗涤数次，随后在 80 ℃烘箱中干燥 4 h。最后样品在马弗炉中 400 ℃焙烧 4 h，最终得到 Au-SA/CeO_2-NR 催化剂。Au 团簇负载二氧化铈纳米棒催化剂（Au-NC/CeO_2-NR）制备方法跟 Au 单原子催化剂类似，唯一的不同是将 Au 的负载量从 1 wt.%提高到 2.5 wt.%，然后在氢气气氛中 100 ℃还原得到。而 Au 颗粒负载二氧化铈纳米棒催化剂采用液相还原方法制备得到，具体步骤为，将 1 g 二氧化铈纳米棒分散在 100 mL 水中并超声分散 1 h；然后将稀的氯金酸水溶液缓慢加入其中并剧烈搅拌 1 h，之后将 1 mL 新鲜甲醛水溶液（35%～40%）缓慢加入体系中，并搅拌过夜。经过过滤，用水和乙醇多次洗涤，在烘箱中 80 ℃干燥 8 h，最终得到催化剂。

Au-SA/CeO_2-NR、Au-NC/CeO_2-NR 和 Au-NP/CeO_2-NR 三种催化剂使用 ICP-OES 测得的真实负载量分别为 0.92 wt.%、2.35 wt.%和 0.95 wt.%。

5.2.2　催化剂表征

分别用 TEM、ICP-OES、XRD、XAS、XPS、Raman、FTIR 等进行催化剂表征，具体步骤详见第 2 章。

5.2.3　催化剂活性评价

具体步骤详见第 2 章。

5.2.4　密度泛函理论计算（DFT calculations）

具体过程详见第 2 章。

5.3　结果与讨论

5.3.1　催化剂表征

5.3.1.1　TEM 表征

Au 单原子（Au-SA）、Au 团簇（Au-NC）和 Au 颗粒（Au-NP）负载在 CeO_2 纳米棒（CeO_2-NR）表面的透射电镜照片如图 5-1 所示。从图中可以看出，三种催化剂仍保持了其棒状结构，这说明 Au 的负载对 CeO_2 的结构产生的影响很小。从图 5-1（a）和图 5-1（b）中，并未见任何 Au 的晶格条纹，说明 Au 物种高度分散在 CeO_2 表面。对于 CeO_2 负载的 Au 颗粒，在图 5-1（c）电镜图上可以很清晰地看到 Au 颗粒的存在，晶格条纹间距为 0.23 nm，图 5-1（d）表示所暴露的晶面为 Au（111）面，平均粒径为 3.6 nm[211,213]。

5.3.1.2　XRD 表征

载体 CeO_2-NR 以及负载 Au 物种后得到催化剂的 XRD 谱图如图 5-2 所示。从图中可以看出，制备的催化剂仍保持了 CeO_2 的萤石型结构。此外，在 Au-SA/CeO_2-NR 和 Au-NC/CeO_2-NR 的 XRD 谱图中没有任何 Au 的特征峰，表明 Au 物种高度分散在 CeO_2-NR 表面；而 Au-NP/CeO_2-NR 的 XRD 谱图在 38.19° 处出现一个宽化的弱峰，是 Au 的（111）晶面的特征峰（#65-2870），这与 TEM 结果一致。

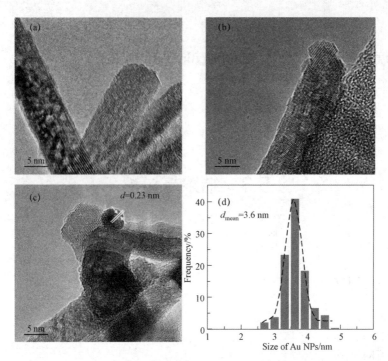

图 5-1　三种 Au/CeO$_2$ 催化剂的高分辨透射电镜照片和粒径分布图

（a）Au-SA/CeO$_2$-NR；（b）Au-NC/CeO$_2$-NR；（c）Au-NP/CeO$_2$-NR；（d）粒径分布图

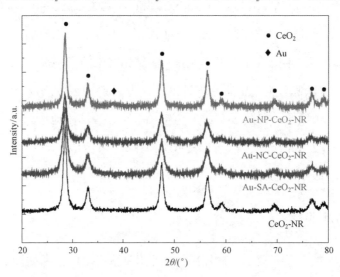

图 5-2　三种 Au/CeO$_2$ 催化剂和 CeO$_2$-NR 的 XRD 谱图

5.3.1.3　XAS 表征

三种催化剂中 Au 的 L3 边 X 射线吸收近边结构谱如图 5-3（a）所示，同时对比了 Au 箔的标准谱线。Au-SA/CeO$_2$-NR 中 Au 物种主要是离子态，Au-NP/CeO$_2$-NR 的谱图与 Au 箔的很接近，表明 Au 物种以 Au^0 存在，而 Au-NC/CeO$_2$-NR 同时具有离子态和金属态的 Au 物种[217,218]。此外，从图 5-3（b）所示的扩展边 X 射线吸收精细结构谱和表 5-1 与图 5-4 中相应的拟合结果可以看出，三种催化剂的局部配位结构也很不相同，Au-SA/CeO$_2$-NR 主要在 1.95 Å 和 3.51 Å 处出现两个峰，它们分别归属为两个 Au-O 壳层（平均配位数为 3.0 和 4.6）；但是，几乎没有任何可以归属为 Au-Au 和 Au-O-Au 键的峰，表明 Au-SA/CeO$_2$-NR 中 Au 主要以单原子形式存在。Au-NP/CeO$_2$-NR 在 2.85 Å 处检测到 Au-Au 的特征峰，表明样品中的 Au 物种主要以单质形成存在[219]。

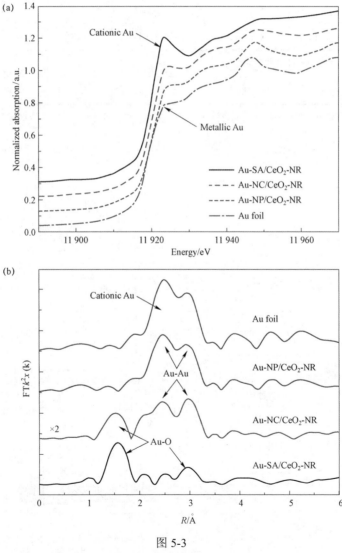

图 5-3

（a）三种 Au/CeO$_2$ 催化剂和 Au 箔中 Au 物种的 X 射线 Au 边吸收谱；

（b）扩展边 X 射线吸收精细结构谱

对于 Au-NC/CeO₂-NR，谱图变得更加复杂、无序，Au-O 键和 Au-Au 键同时存在[217,220]。所有的这些结果表明三种模型催化剂中 Au 物种的电子状态和结构有很大的不同，也就是说，我们成功制备了 Au-SA/CeO₂-NR、Au-NC/CeO₂-NR 和 Au-NP/CeO₂-NR 催化剂。

表 5-1　三种 Au-CeO₂ 催化剂 Au L3 边的 EXAFS 拟合结果

Sample	Shell	CN	$R/\text{Å}$	$\Delta E/\text{eV}$	$\sigma^2/\text{Å}^2$	R-factor
Au-SA/CeO₂-NR	Au-O	3.0（±0.8）	1.95（±0.01）	35.10	0.001	0.095 2
	Au-O	4.6（±0.7）	3.51（±0.01）	−2.13	0.006	
Au-NC/CeO₂-NR	Au-O	0.5（±0.2）	1.93（±0.03）	−6.88	0.001	0.051 3
	Au-Au	5.4（±0.3）	2.83（±0.01）	4.68	0.015	
Au-NP/CeO₂-NR	Au-O	—	—	—	—	0.014 5
	Au-Au	8.6（±0.8）	2.85（±0.02）	5.22	0.009	

注：CN 表示配位数，R 表示距离，ΔE 表示内核能量校正，σ^2 表示 Debye-Waller 因子。

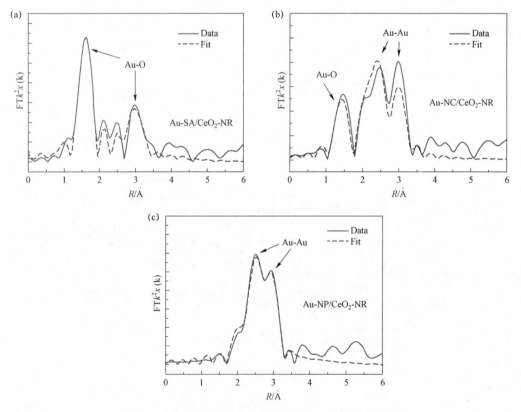

图 5-4　不同 Au/CeO₂-NR 催化剂 EXAFS 拟合结果

5.3.1.4　XPS 表征

三种催化剂的 Au 4*f* XPS 谱图如图 5-5（a）所示，Au-SA/CeO$_2$-NR 分别在 84.6 eV、86.5 eV、88.2 eV 和 90.3 eV 出现四个峰，它们分别归属为离子态 Au$^+$ 和 Au^{3+} 的特征峰[215,221]；Au-NP/CeO$_2$-NR 在 83.8 和 87.5 eV 的两个强峰归属为单质 Au^0 的特征峰，而 Au-NC/CeO$_2$-NR 同时存在 Au^0、Au$^+$ 和 Au^{3+} 三种物种，这与 XANES 的表征结果一致。表 5-2 的半定量数据表明 Au-SA/CeO$_2$-NR、Au-NC/CeO$_2$-NR 和 Au-NP/CeO$_2$-NR 中离子态 Au 的比例分别为 100%、77.5% 和 12.3%。

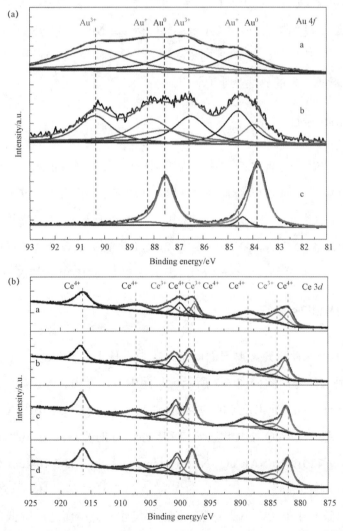

图 5-5　三种 Au/CeO$_2$ 催化剂的（a）Au 4*f* 和（b）Ce 3*d* XPS 谱图
a—Au-SA/CeO$_2$-NR；b—Au-NC/CeO$_2$-NR；c—Au-NP/CeO$_2$-NR；d—CeO$_2$-NR

表 5-2　不同样品中 Au 物种和 Ce³⁺的浓度

Catalyst	Au^0/Au_T	Au^+/Au_T	Au^{3+}/Au_T	$(Au^++Au^{3+})/Au_T$[①]	Ce^{3+}/Ce_T[②]
CeO₂-NR	—	—	—	—	12.3%
Au-SA/CeO₂-NR	—	42.4%	57.6%	100.0%	29.0%
Au-NC/CeO₂-NR	22.5%	39.5%	38.0%	77.5%	23.9%
Au-NP/CeO₂-NR	87.7%	12.3%	—	12.3%	15.2%

注：① 从 Au 4f XPS 谱图得到。
　　② 从 Ce 3d XPS 谱图得到。

CeO₂-NR 和 Au/CeO₂-NR 的 Ce 3d XPS 谱图如图 5-5（b）所示。从图中可以发现，所有的样品都包含 Ce³⁺和 Ce⁴⁺两种物种；结合表 5-2 可以看出，Au-SA/CeO₂-NR 中 Ce³⁺的浓度高达 29.0%，比 Au-NC/CeO₂-NR 和 Au-NP/CeO₂-NR 的高。此外，所有 Au/CeO₂-NR 催化剂都比 CeO₂-NR 的 Ce³⁺浓度高，这归因于 Au 与 CeO₂ 之间的强相互作用，导致形成更多的界面位点[212,222]。

5.3.1.5　Raman 表征

拉曼光谱常被用来分析 CeO₂ 中的缺陷及氧空位。如图 5-6 所示，位于 460 cm⁻¹ 处的强峰归属于 CeO₂ 萤石结构的三重简并振动模式，通常与 Ce⁴⁺有关；位于 600 cm⁻¹ 处的肩峰是 CeO₂ 存在氧空位产生的峰，一般用 A_{600}/A_{460} 来表示氧空位的浓度[203,212]。在 Au-SA/CeO₂-NR、Au-NC/CeO₂-NR、Au-NP/CeO₂-NR 以及 CeO₂-NR 样品中，该比值逐渐降低，表明相比于其他样品，Au-SA/CeO₂-NR 具有更高的氧空位，与 XPS 表征结果一致。

5.3.1.6　CO-DRIFTs 表征

以 CO 分子为探针研究金属表面电子结构是一种十分有效的手段，三种催化剂的 CO 吸附漫反射红外光谱图如图 5-7 所示。从图中可以看出，Au-NP/CeO₂-NR 分别在 2 113 cm⁻¹ 和 2 164 cm⁻¹ 处出现 CO 的振动峰，它们分别归属为 Au⁰-CO 和 Au³⁺-CO 的吸附峰[217,223]；Au-NC/CeO₂-NR 出现在 2 125 cm⁻¹ 处的峰则对应 Au^{δ+}与 CO 分子作用产生的峰（0<δ<1）；Au-SA/CeO₂-NR 分别在 2 131 cm⁻¹ 和 2 164 cm⁻¹ 处出现一个很宽的吸收峰和很弱的肩峰，它们分别归属为 Au⁺-CO 和 Au³⁺-CO，这与 XPS 以及 XANES 结果一致，即单质态 Au⁰ 随着 Au 物种尺寸的减小而逐渐降低，当 Au 以单原子形式存在于 CeO₂-NR 表面时，Au⁰ 几乎完全消失。

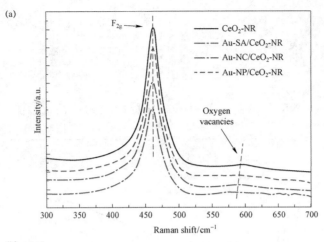

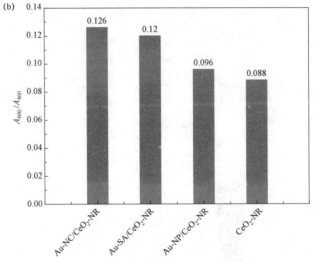

图 5-6　Au/CeO$_2$-NR 催化剂和 CeO$_2$-NR 的拉曼光谱

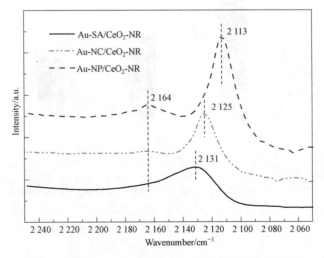

图 5-7　Au/CeO$_2$-NR 催化剂的 CO 漫反射红外光谱图

5.3.2 催化剂评价

三种 Au/CeO$_2$-NR 催化剂在苯甲醇氧化反应中的活性比较如图 5-8 所示。三组

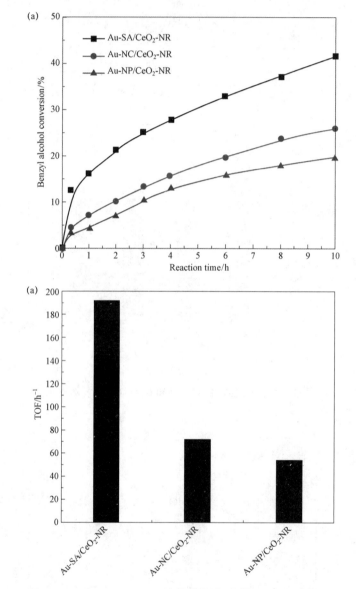

图 5-8 三种 Au/CeO$_2$-NR 催化剂的苯甲醇氧化活性比较:

(a) 苯甲醇随时间的转化曲线;(b) 在不同催化剂上计算的 TOF 值,在开始反应的前 20 min

注: 反应条件为 2 mmol 苯甲醇,一定量的催化剂(保持苯甲醇与 Au 的物质的量之比为 500∶1),

35 mL 甲苯,100 ℃和常压氧气,20 mL·min^{-1}。

Au/CeO$_2$-NR 催化剂的苯甲醛选择性都超过 94%，这表明它们在醇类选择性氧化反应中的优异性能，尤其是 Au 单原子分散的 Au-SA/CeO$_2$-NR 表现出最好的催化活性，反应 10 h 后，苯甲醇的转化率和苯甲醛的选择性分别为 41.7%和 99%；催化剂的活性随着 Au 颗粒尺寸的增加而急剧降低，同样条件下苯甲醇在 Au-NC/CeO$_2$-NR 和 Au-NP/CeO$_2$-NR 上的转化率分别降到 26.1%和 19.9%。此外，如图 5-8（b）所示，Au-SA/CeO$_2$-NR 的 TOF 值分别是 Au-NC/CeO$_2$-NR 和 Au-NP/CeO$_2$-NR 上的 2.7 倍和 3.6 倍，进一步说明 Au-SA/CeO$_2$-NR 具有更优异的催化性能。

5.3.3　催化剂反应机理

5.3.3.1　氧气的活化

在醇类氧化反应中，分子氧的活化是一个重要的影响因素，因此我们设计几组对比实验来研究其对苯甲醇氧化反应的影响。如图 5-9 所示，当惰性的氩气通过反应器时，苯甲醇在 Au-SA/CeO$_2$-NR 催化剂上仍可以进行氧化，反应 10 h 后，苯甲醇的转化率为 6.5%，TOF 为 61 h^{-1}，这可以归因于 CeO$_2$ 的优良氧储存能力以及高活性的晶格氧物种，它们促进了氧化反应的进行；然而从苯甲醇的转化率随时间变化的曲线上看，随着反应时间的增加，苯甲醇的转化率增加很慢，尤其是 6 h 后特别明显。当反应 4 h 后，用氧气替换氩气通入反应器，苯甲醇的转化率在 6 h 和 8 h 时分别可以达到 10.0%和 12.7%。这表明在氩气中 CeO$_2$-NR 表面的活性氧物种被消耗而无法补充，导致在反应后期表现出很差的催化活性，当通入氧气时，反应活性会迅速提高。此外，如果催化剂先通入氧气后加入苯甲醇，苯甲醇的转化率在 10 h 时只能达到 10.3%，远低于先加入苯甲醇后通氧气的 41.7%，说明苯甲醇可能先在催化剂上进行吸附活化。

氧气的分压与反应 TOF 值之间的关系如图 5-10 所示。随着氧气分压从 0.05 增加到 1.00，Au-SA/CeO$_2$-NR 的 TOF 值未发生明显变化，说明氧气在 Au-SA/CeO$_2$-NR 上容易活化，很可能不是反应的速控步骤，这与之前文献报道的结果相一致[75]，表明催化剂具有很强的活化氧能力。

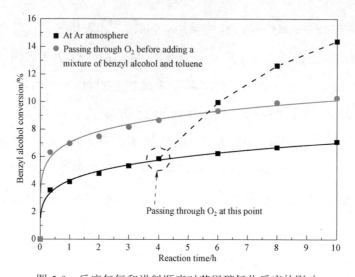

图 5-9   反应气氛和进料顺序对苯甲醇氧化反应的影响

注：反应条件为 100 ℃，2 mmol 苯甲醇，一定量的催化剂（保持苯甲醇与 Au 的物质的量之比为 500∶1），
35 mL 甲苯。

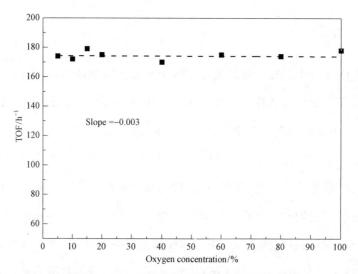

图 5-10   氧气浓度对苯甲醇氧化反应的影响

当 CeO_2-NR 在氩气气氛中加入含有 35 mL 甲苯和 0.5 mmol 氢醌体系中时，氢醌被氧化成苯醌，表明氢醌可以与 CeO_2-NR 表面的活性氧进行反应，因此我们将氢醌用作活性氧猝灭剂来进一步研究活性氧对苯甲醇氧化反应的影响。如图 5-11 所示，当未加入氢醌时，Au-SA/CeO_2-NR 的 TOF 值可以达到 192 h^{-1}。一旦将少量的氢醌（苯甲醇与氢醌摩尔比约为 20）加入反应体系，TOF 值急剧下降到 147 h^{-1}，并且随着氢醌加入量的增加，苯甲醇反应的 TOF 值下降越来越明显。同时，反应混合物的颜色

也逐渐变黄，意味着有更多苯醌生成。这些结果表明氢醌可以极大降低 Au-SA/CeO₂-NR 催化剂表面的活性氧浓度，从而阻碍苯甲醇氧化反应的顺利进行，从另一角度说明催化剂表面活性氧物种在苯甲醇氧化反应中扮演的重要角色。

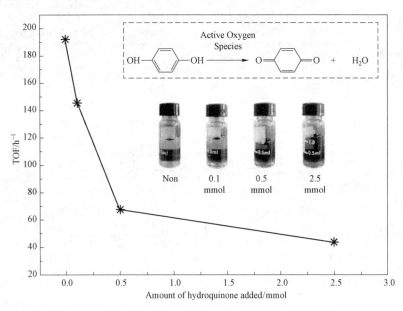

图 5-11　活性氧猝灭剂（氢醌）对苯甲醇氧化反应的影响

5.3.3.2　苯甲醇的活化

苯甲醇吸附在 Au/CeO₂-NR 以及 CeO₂-NR 上的红外光谱图如图 5-12 所示。当苯甲醇在高真空条件（10^{-1} Pa）下吸附在 CeO₂-NR 上时，在 1 200～1 600 cm^{-1} 和 2 800～3 000 cm^{-1} 处出现了几个宽的吸收带，分别归属为苯基特征振动峰和—CH₂—的伸缩振动峰[70]。值得注意的是，即使在 200 ℃这些峰仍有很高的强度，表明 CeO₂—NR 与苯甲醇分子之间存在很强的相互作用。随着脱附温度的升高，谱图在 2 906 cm^{-1} 和 2 971 cm^{-1} 逐渐出现两个新的吸收峰，表明形成了铈的醇盐，这与文献报道的结果相一致[224]，即在低温下，醇分子的羟基能与 CeO₂ 表面的氧空位（O_V）相互作用，形成铈的醇盐。然而，在 1 800～1 610 cm^{-1} 波数范围内没有出现新的吸收带，意味着 CeO₂-NR 的表面不会生成苯甲醛。

当苯甲醇吸附在 Au-SA/CeO₂-NR 表面时，40 ℃时就在 1 651 cm^{-1} 处出现新的吸收峰，表明在该催化剂上 40 ℃就可以生成苯甲醛[70,225]；当苯甲醇在 Au-NC/CeO₂-NR

和 Au-NP/CeO$_2$-NR 上吸附时，在 1 651 cm^{-1} 处的吸收峰很弱。两组对比实验结果表明 CeO$_2$-NR 表面的氧空位（O$_V$）可能提高了醇羟基的脱氢性能，而 Au 物种很可能是 β-H 消除，形成苯甲醛所必需的组分。这一结果显示了 Au-SA/CeO$_2$-NR 在吸附、活化苯甲醇方面的超强能力，这也是催化剂活性高的原因。

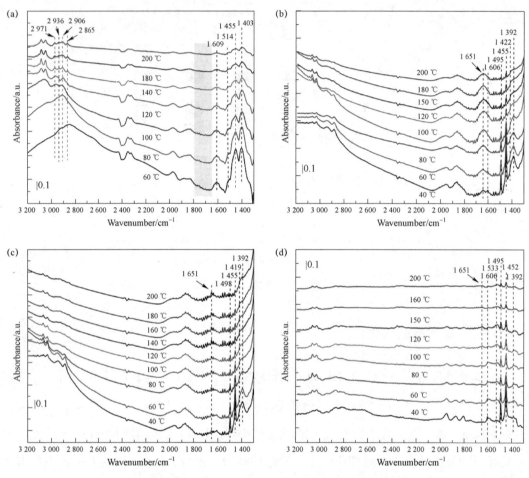

图 5-12　苯甲醇吸附在（a）CeO$_2$-NR、（b）Au-SA/CeO$_2$-NR、
（c）Au-NC/CeO$_2$-NR、（d）Au-NP/CeO$_2$-NR 催化剂上的红外光谱图

5.3.3.3　活化能及反应级数

上述结果表明，氧的活化似乎不是反应的速控步骤，速控步骤很可能是苯甲醇的活化，因此我们进行反应动力学研究来进一步理解反应机理。图 5-13（a）表明苯甲醇在三种 Au/CeO$_2$-NR 催化剂上的反应级数都为一级，从图 5-13（b）的 Arrhenius 曲

线可以看出，苯甲醇氧化反应在 Au-SA/CeO$_2$-NR 上的表观活化能（Ea）为
20.9 kJ·mol^{-1}，这与文献报道的 Au/CeO$_2$-rod 催化剂相当[211]，但是比 Au-NC/CeO$_2$-NR
催化剂上的 27.7 kJ·mol^{-1} 和 Au-NP/CeO$_2$-NR 上的 33.1 kJ·mol^{-1} 低很多。上述结果
表明苯甲醇的活化是反应的速控步骤，很可能是 β-H 消除过程；CeO$_2$-NR 表面的 Ov
首先脱去羟基氢，在相邻 Au 的帮助下进行 β-H 消除生成苯甲醛，体现了 Au 与 CeO$_2$
之间的协同作用，Au-SA/CeO$_2$-NR 由于有更多这样的界面位点，因此表现出更高的催
化活性。

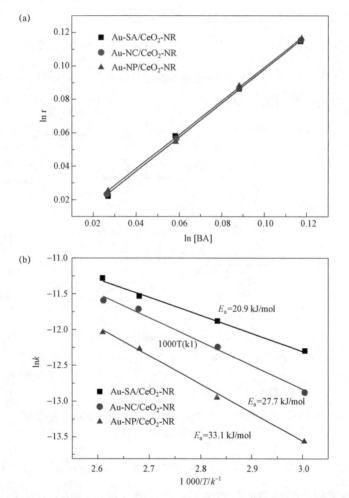

图 5-13　Au-SA/CeO$_2$-NR、Au-NC/CeO$_2$-NR 和 Au-NP/CeO$_2$-NR
催化剂的动力学数据：

（a）苯甲醇的反应级数；（b）苯甲醇氧化反应的 Arrhenius 曲线

5.3.3.4　理论计算（DFT）

我们通过理论计算进一步揭示了 Au-SA/CeO$_2$-NR 在苯甲醇氧化过程中的界面催化作用。CeO$_2$（110）和 Au$_1$/CeO$_2$（110）模型上苯甲醇氧化的能线图如图 5-14 所示，当苯甲醇分子吸附在含有氧空位（Ov）的 CeO$_2$（110）表面时，可以自发地解离成 C$_7$H$_7$O*和 H*物种，这个过程的吸附能是 -1.63 eV；C$_7$H$_7$O*键合在氧空位的上方，而 H*则键合在邻近的晶格氧上，这与苯甲醇的红外吸附实验和文献报道的结论相一致[224]。然而当苯甲醇吸附在 Au（111）面时，如图 5-15 所示，苯甲醇通过氧原子和氢原子吸附在其表面的吸附能分别只有 -0.19 eV 和 -0.24 eV，表明 Au 与醇分子之间只发生弱的物理吸附，这与 Au 差的脱氢性能相一致[226]，该结果进一步凸显了 CeO$_2$ 在醇羟基脱氢中的重要作用。

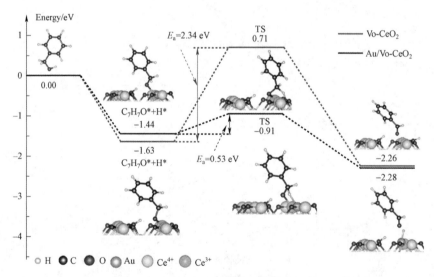

图 5-14　苯甲醇氧化在 Ov-CeO$_2$ 和 Au$_1$/Ov-CeO$_2$ 上的能线图
（优化中间产物的结构和过渡态）

没有 Au 时，键合在 CeO$_2$（110）氧空位上的 C$_7$H$_7$O*需要克服 2.34 eV 的能垒来实现 β-H 消除过程，最终生成苯甲醛。然而，当 CeO$_2$（110）氧空位修饰单原子 Au 时，β-H 消除更加容易，这一过程只需要克服 0.53 eV 的能垒。这表明处于 Au/CeO$_2$ 界面位点的 [O-Ov-Ce-O-Au] 可能是苯甲醇氧化反应发生的位点。苯甲醇的活化（特别是 β-H 消除过程）很可能是速控步骤，而不是氧的活化。也就是说，苯甲醇分子首先在催化剂表面经过两步脱氢过程生成苯甲醛，然后表面的氢物种与邻近的活性氧物种反应，最终生成水，完成催化过程。与 Au-NC/CeO$_2$-NR 和 Au-NP/CeO$_2$-NR 催化剂相比，Au-SA/CeO$_2$-NR 催化剂可以提供大量的［O-Ov-Ce-O-Au］活性物种，也因此在苯甲醇氧化反应中表现出很高的催化活性。

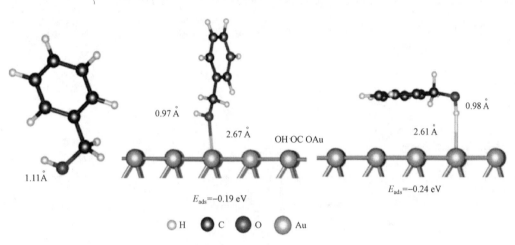

图 5-15　苯甲醇吸附在 Au（111）晶面上

5.4　本章小结

在本章，我们通过优化制备条件得到了三种结构的催化剂，对比研究了其在醇氧化反应中的催化活性，并通过动力学分析和原位红外光谱研究了醇氧化反应机理；结合 DFT 理论计算，明确 Au/CeO$_2$ 体系的主要活性位是 Au 与 CeO$_2$ 强相互作用形成的界面位点。本章研究得到的主要结论有以下几点。

（1）控制条件分别得到 CeO$_2$-NR 负载 Au 单原子、Au 团簇和 Au 颗粒催化剂，通过 XPS、XANES、EXAFS、CO-DRIFTs 等表征证实，三种模型催化剂成功制备，进一步表征发现，Au 单原子催化剂存在更多的 Ce^{3+}，随着 Au 尺寸增加，Ce^{3+} 浓度逐渐降低。将三种催化剂进行苯甲醇氧化评价发现，单原子 Au 催化剂表现出最高的催化活性，而且动力学研究发现催化剂具有更低的表观活化能。

（2）反应机理研究发现，苯甲醇可以在 CeO$_2$ 纳米棒表面发生解离，但是不会生成苯甲醛，当加入 Au 物种之后就会有醛的生成，这体现了 CeO_2 和 Au 之间的协同作用。此外，氧气分压和活性氧捕获实验表明氧气的活化不是反应的速控步骤，而苯甲醇的反应级数则为一级，说明苯甲醇的活化是反应的速控步骤。

（3）理论模拟计算发现，Au 与 CeO_2 之间构成的界面位点是反应的主要活性位，具体地说，处于界面的［O-Ov-Ce-O-Au］位点可能是反应的活性位点。

第 6 章　结论与展望

6.1　结　论

　　醇类选择性氧化是一类重要的反应，所得到的醛、酮、酸、酯等都是基础化工重要的原料和中间体。然而，目前醇类氧化仍有很多问题需要解决，例如，怎样使这个催化过程更绿色、经济；如何提高反应性能，尤其是低温催化活性；对于效果好的贵金属催化剂，如何降低负载量，降低催化剂成本；如何深入理解催化过程，解决脂肪醇氧化活性较差的问题，提高活性和选择性……此外，如何建立催化剂结构和活性关系，从分子层面理解催化活性位，设计高性能催化剂还需要研究者们深入认识。

　　如图 6-1 所示，本研究主要从调变金属和载体之间的相互作用出发，通过催化剂结构设计来提升醇氧化反应活性，并利用动力学分析、原位谱学和 DFT 计算等表征手段，从金属－载体界面出发认识醇氧化规律，明确催化反应位点，并建立清晰的构效关系，为制备高性能醇氧化催化剂提供一些理论指导。

　　本研究得到的主要结论有以下几点。

　　（1）石墨烯负载 Pd 亚纳米团簇在苯甲醇选择性氧化中表现出很高的低温氧化活性：Pd 颗粒的尺寸与还原温度、浸渍液溶剂、Pd 前驱体种类、焙烧气氛、载体种类等因素有关，Cl⁻ 离子对于 Pd 亚纳米团簇的形成起到了关键作用。Pd 亚纳米团簇催化剂表现出非常优异的催化性能，在 60 ℃可以实现 98.9%苯甲醇的转化率和 100%的苯甲醛选择性,其 TOF 高达 1 960 h^{-1}。研究发现醇氧化反应是典型的结构敏感型反应,催化活性与颗粒尺寸有很大关系,小颗粒的 Pd 展现出最佳的催化活性。对比实验和系列表征表明超小的尺寸、高价态、与 Cl$^-$ 之间的配位作用以及 Pd 与石墨烯之间的强相互作用使得催化剂具有很高的催化活性。

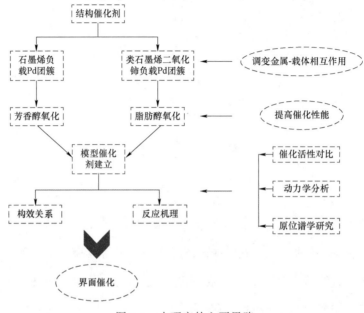

图 6-1　本研究的主要思路

（2）类石墨烯 CeO_2 纳米片负载 Pd 团簇进一步提高脂肪醇氧化活性:采用溶剂挥发诱导自组装法制备了类石墨烯的二氧化铈纳米片,通过 XPS、Raman、H$_2$-TPR 表征发现其表面富含缺陷,且 Ce^{3+} 浓度很高。负载 Pd 后得到催化剂用于脂肪醇氧化发现,其具有较高的脂肪醇氧化活性,与其他 Pd 催化剂相比,TOF 值高出 2～10 倍。将催化活性与催化剂表面的离子态 Pd^{2+} 比例以及 Ce^{3+} 浓度进行关联发现,它们之间存在很好的线性关系,表明 Pd 团簇与二维二氧化铈纳米片之间形成的强相互作用界面可能是脂肪醇氧化活性较高的主要原因。

（3）醇类氧化反应机理研究:结合前述研究内容我们发现,金属与载体的相互作用界面可以明显提升醇类氧化反应活性。我们通过构建合适的模型催化剂来深入认识界面催化位点,并研究其相应的反应机理。考虑到 Pd 基催化剂的活泼性质,它极易在放置和储存过程中发生氧化,因此我们采用稳定性较高的 Au 为活性组分,以规整形貌的 CeO_2 纳米棒为载体,制备 CeO_2 纳米棒负载 Au 单原子、Au 团簇和 Au 颗粒来研究界面对醇氧化性能的影响。

将三种模型催化剂进行苯甲醇氧化发现，单原子 Au 催化剂表现出最高的催化活性，其 TOF 分别是 Au 团簇催化剂和 Au 颗粒催化剂的 2.7 和 3.6 倍。而且动力学研究发现该催化剂具有更低的表观活化能。进一步研究反应机理发现，苯甲醇可以在 CeO_2 纳米棒表面发生解离，但是不会生成苯甲醛，当加入 Au 物种之后就会有醛的生成，这体现了 CeO_2 和 Au 之间的协同作用。最后，DFT 理论计算发现处于界面的 [O-Ov-Ce-O-Au] 位点很可能是醇氧化反应的主要活性位。

6.2　展　望

目前，高效醇类氧化催化剂的开发还依赖于大量、烦琐的实验试错，对醇类氧化活性位点的确认还有待进行大量的研究，还需要更深入地揭示醇类氧化的反应机理。未来，本领域具体可在以下方向开展研究。

（1）通过先进手段进一步明确 Pd 亚纳米团簇结构，更深入地认识催化活性高的原因。此外，石墨烯上存在很多含氧物种，它们是否参与催化反应还未可知，可以利用模型化合物进行对比研究，结合同位素示踪实验得到明确的结论。

（2）二维 CeO_2 表现出较好的脂肪醇氧化活性，如果继续降低片层厚度，调变表面结构，可能会进一步提高催化活性以及选择性，可以从这方面开展研究。

（3）考虑到活性组分的稳定性，模型催化剂选择了 Au/CeO_2 催化体系，事实上它与 Pd/CeO_2 体系仍然存在不小的差距，针对这个问题，整个催化剂制备和预处理过程可以在无氧环境下进行，或者采用原位固定床进行评价工作，可能会得到更深入的认识。

（4）未来希望可以使用原位的 Raman、原位 X 光吸收谱和原位电子顺磁共振（EPR）等先进手段，从整个动态反应入手，研究原位过程的反应机制，氧的活化机制，晶格氧和分子氧的转化等更基础的科学问题，提升对氧化反应的本质认识。

参考文献

[1] ENACHE D I, EDWARDS J K, LANDON P, et al. Solvent-free oxidation of primary alcohols to aldehydes using Au-Pd/TiO$_2$ catalysts[J]. Science, 2006, 311 (5759): 362-365.

[2] SU F Z, LIU Y M, WANG L C, et al. Ga-Al mixed-oxide-supported gold nanoparticles with enhanced activity for aerobic alcohol oxidation[J]. Angewandte Chemie International Edition, 2008, 47 (2): 334-337.

[3] GUO Z, LIU B, ZHANG Q, et al. Recent advances in heterogeneous selective oxidation catalysis for sustainable chemistry[J]. Chem Soc Rev, 2014, 43 (10): 3480-3524.

[4] COLLINS J C, HESS W W, FRANK F J. Dipyridine-chromium (Ⅵ)oxide oxidation of alcohols in dichloromethane[J]. Tetrahedron Letters, 1968, 9 (30): 3363-3366.

[5] WILES C, WATTS P, HASWELL S J. Clean and selective oxidation of aromatic alcohols using silica-supported Jones' reagent in a pressure-driven flow reactor[J]. Tetrahedron Letters, 2006, 47 (30): 5261-5264.

[6] COREY E J, SUGGS J W. Pyridinium chlorochromate. An efficient reagent for oxidation of primary and secondary alcohols to carbonyl compounds[J]. Tetrahedron Letters, 1975, 16 (31): 2647-2650.

[7] MANCUSO A J, HUANG S-L, SWERN D. Oxidation of long-chain and related alcohols to carbonyls by dimethyl sulfoxide "activated" by oxalyl chloride[J]. The Journal of Organic Chemistry, 1978, 43 (12): 2480-2482.

[8] PFITZNER K E, MOFFATT J G. Sulfoxide-carbodiimide reactions. I. A facile

oxidation of alcohols[J]. Journal of the American Chemical Society, 1965, 87 (24): 5661-5670.

[9] DESS D B, MARTIN J C. A useful 12-I-5 triacetoxyperiodinane (the Dess-Martin periodinane)for the selective oxidation of primary or secondary alcohols and a variety of related 12-I-5 species[J]. Journal of the American Chemical Society, 1991, 113 (19): 7277-7287.

[10] COREY E J, SCHMIDT G. Useful procedures for the oxidation of alcohols involving pyridinium dichromate in aprotic media[J]. Tetrahedron Letters, 1979, 20 (5): 399-402.

[11] CIRIMINNA R, HESEMANN P, MOREAU J J E, et al. Aerobic oxidation of alcohols in carbon dioxide with silica-supported ionic liquids doped with perruthenate[J]. Chemistry-A European Journal, 2006, 12 (20): 5220-5224.

[12] MOBINIKHALEDI A, ZENDEHDEL M, SAFARI P. Synthesis and characterization of some novel transition metal Schiff base complexes encapsulated in zeolite Y: effective catalysts for the selective oxidation of benzyl alcohol[J]. Reaction Kinetics Mechanisms and Catalysis, 2013, 110 (2): 497-514.

[13] MARUI K, HIGASHIURA Y, KODAMA S, et al. Vanadium-catalyzed green oxidation of benzylic alcohols in water under air atmosphere[J]. Tetrahedron, 2014, 70 (14): 2431-2438.

[14] LIU X, QIU A, SAWYER D T. The bis (bipyridine) copper (II)-induced activation of dioxygen for the catalytic dehydrogenation of alcohols[J]. Journal of the American Chemical Society, 1993, 115 (8): 3239-3243.

[15] WANG J, KONDRAT S A, WANG Y, et al. Au-Pd nanoparticles dispersed on composite titania/graphene oxide-supports as a highly active oxidation catalyst[J]. ACS Catalysis, 2015, 5 (6): 3575-3587.

[16] YAMADA Y M, ARAKAWA T, HOCKE H, et al. A nanoplatinum catalyst for aerobic oxidation of alcohols in water[J]. Angewandte Chemie International Edition, 2007, 46 (5): 704-706.

[17] SHARPLESS K B, AKASHI K, OSHIMA K. Ruthenium catalyzed oxidation of alcohols to aldehydes and ketones by amine-n-oxides[J]. Tetrahedron Letters, 1976, 17 (29): 2503-2506.

[18] LEE M, CHANG S. Highly efficient aerobic oxidation of benzylic and allylic alcohols by a simple catalyst system of [RuCl$_2$ (p-cymene)]$_2$/Cs$_2$CO$_3$[J]. Tetrahedron Letters, 2000, 41 (39): 7507-7510.

[19] DENGEL A C, ELHENDAWY A M, GRIFFITH W P, et al. Studies on transition-metal oxo and nitrido complexes. Part 11. New oxo complexes of ruthenium as aerobically assisted oxidants, and the X-ray crystal structure of Ru$_2$O$_6$ (py)$_4$ 3. 5H$_2$O[J]. Journal of the Chemical Society-Dalton Transactions, 1990, (3): 737-742.

[20] KURIYAMA M, NAKASHIMA S, MIYAGI T, et al. Palladium-catalyzed chemoselective anaerobic oxidation of N-heterocycle-containing alcohols[J]. Organic Chemistry Frontiers, 2018, 5 (15): 2364-2369.

[21] SONG C E, ROH E J. Practical method to recycle a chiral (salen) Mn epoxidation catalyst by using an ionic liquid[J]. Chemical Communications, 2000, (10): 837-838.

[22] CAPDEVIELLE P, SPARFEL D, Barannelafont J, et al. Efficient catalytic dehydrogenation of alcohols by the 2, 2'-bipyridine copper (I) chloride dioxygen system in acetonitrile-a mechanistic study with deuterium-isotope effects[J]. Journal of Chemical Research-S, 1993, (1): 10-11.

[23] MARKÓ I E, GILES P R, TSUKAZAKI M, et al. Copper-catalyzed oxidation of alcohols to aldehydes and ketones: an Efficient, aerobic alternative[J]. Science, 1996, 274 (5295): 2044-2046.

[24] DE NOOY A E J, BESEMER A C, VAN BEKKUM H. Chem Inform abstract: the use of stable organic nitroxyl radicals for the oxidation of primary and secondary alcohols[J]. Synthesis-Stuttgart, 1996, (10): 1153-1174.

[25] 张鹏飞, 邓江, 毛建拥, 等. 介孔石墨型氮化碳/N-羟基邻苯二甲酰亚胺组合催化体系催化醇类化合物的选择性氧化[J]. 催化学报, 2015, 36 (9): 1580-1586.

[26] LV G, WANG H, YANG Y, et al. Graphene oxide: a convenient metal-free carbocatalyst for facilitating aerobic oxidation of 5-hydroxymethylfurfural into 2, 5-diformylfuran[J]. ACS Catalysis, 2015, 5 (9): 5636-5646.

[27] KATSOULIS D E. A Survey of applications of polyoxometalates[J]. Chemical Reviews, 1998, 98 (1): 359-388.

[28] LENG Y, ZHAO P, ZHANG M, et al. Amino functionalized bipyridine-heteropolyacid ionic hybrid: a recyclable catalyst for solvent-free oxidation of benzyl alcohol with H_2O_2[J]. Journal of Molecular Catalysis A: Chemical, 2012, 358: 67-72.

[29] 程峰, 刘凯, 温莎, 等. 钒磷氧在醇类氧化反应中的应用研究[J]. 应用化工, 2020, 49 (10): 2590-2596.

[30] 张腾云, 范洪波. 多金属氧酸盐催化的醇类分子氧氧化研究进展[J]. 现代化工, 2010, 30 (7): 24-26.

[31] RAO P S N, RAO K TV, PRASAD P S S, et al. The role of vanadium in ammonium salt of heteropoly molybdate supported on niobia for selective oxidation of benzyl alcohol[J]. Catalysis Communications, 2010, 11 (6): 547-550.

[32] ZHU S, CEN Y, GUO J, et al. One-pot conversion of furfural to alkyl levulinate over bifunctional Au-$H_4SiW_{12}O_{40}$/ZrO_2 without external H-2[J]. Green Chemistry, 2016, 18 (20): 5667-5675.

[33] ZHU S, ZHU Y, HAO S, et al. One-step hydrogenolysis of glycerol to biopropanols over Pt-$H_4SiW_{12}O_{40}$/ZrO_2 catalysts[J]. Green Chemistry, 2012, 14 (9): 2607-2616.

[34] ZHU S, GAO X, DONG F, et al. Design of a highly active silver-exchanged phosphotungstic acid catalyst for glycerol esterification with acetic acid[J]. Journal of Catalysis, 2013, 306: 155-163.

[35] YU W T, POROSOFF M D, CHEN J G G. Review of Pt-based bimetallic catalysis: from model surfaces to supported catalysts[J]. Chemical Reviews, 2012, 112 (11): 5780-5817.

[36] 刘娟娟, 邹世辉, 吴嘉超, 等. Pt/ZnO 在室温水相无碱条件下绿色催化苯甲醇选择性氧化[J]. 催化学报, 2018, 39 (6): 1081-1089.

[37] MALLAT T, BAIKER A. Oxidation of alcohols with molecular oxygen on platinum metal catalysts in aqueous solutions[J]. Catalysis Today, 1994, 19 (2): 247-283.

[38] WANG T, SHOU H, KOU Y, et al. Base-free aqueous-phase oxidation of non-activated alcohols with molecular oxygen on soluble Pt nanoparticles[J]. Green Chemistry, 2009, 11 (4): 562-568.

[39] LIU J H, ZOU S H, WANG H, et al. Synergistic effect between Pt-o and Bi_2O_{3-x} for efficient room-temperature alcohol oxidation under base-free aqueous conditions[J]. Catalysis Science & Technology, 2017, 7 (5): 1203-1210.

[40] LI F, ZHANG Q H, WANG Y. Size dependence in solvent-free aerobic oxidation of alcohols catalyzed by zeolite-supported palladium nanoparticles[J]. Applied Catalysis a-General, 2008, 334 (1-2): 217-226.

[41] CHEN J, ZHANG Q, WANG Y, et al. Size-dependent catalytic activity of supported palladium nanoparticles for aerobic oxidation of alcohols[J]. Advanced Synthesis & Catalysis, 2008, 350 (3): 453-464.

[42] LIU C-H, LIN C-Y, CHEN J-L, et al. SBA-15-supported Pd catalysts: the effect of pretreatment conditions on particle size and its application to benzyl alcohol oxidation[J]. Journal of Catalysis, 2017, 350: 21-29.

[43] FERRI D, MONDELLI C, KRUMEICH F, et al. Discrimination of active palladium sites in catalytic liquid-phase oxidation of benzyl alcohol[J]. The Journal of Physical Chemistry B, 2006, 110 (46): 22982-22986.

[44] CAMPISI S, FERRI D, VILLA A, et al. Selectivity control in palladium-catalyzed alcohol oxidation through selective blocking of active sites[J]. The Journal of Physical Chemistry C, 2016, 120 (26): 14027-14033.

[45] WANG H, GU X-K, ZHENG X, et al. Disentangling the size-dependent geometric and electronic effects of palladium nanocatalysts beyond selectivity[J]. Science Advances, 2019, 5 (1): eaat6413.

[46] LIU X Y, WANG A Q, ZHANG T, et al. Catalysis by gold: new insights into the support effect[J]. Nano Today, 2013, 8 (4): 403-416.

[47] VILLA A, SCHIAVONI M, PRATI L. Material science for the support design: a powerful challenge for catalysis[J]. Catalysis Science & Technology, 2012, 2 (4): 673-682.

[48] QI B, WANG Y B, LOU L L, et al. Solvent-free aerobic oxidation of benzyl alcohol over palladium catalysts supported on MnO_x prepared using an adsorption method[J]. Reaction Kinetics Mechanisms and Catalysis, 2013, 108 (2): 519-529.

[49] WANG H, KONG W, ZHU W, et al. One-step synthesis of Pd nanoparticles functionalized crystalline nanoporous CeO_2 and their application for solvent-free and aerobic oxidation of alcohols[J]. Catalysis Communications, 2014, 50: 87-91.

[50] LU Y M, ZHU H Z, LIU J W, et al. Palladium nanoparticles supported on titanate nanobelts for solvent-free aerobic oxidation of alcohols[J]. ChemCatChem, 2015, 7 (24): 4131-4136.

[51] CHEN Z X, ZOU P P, ZHANG R Z, et al. Nitrogen-incorporated SBA-15 mesoporous molecular sieve supported palladium for solvent-free aerobic oxidation of benzyl alcohol[J]. Catalysis Letters, 2015, 145 (12): 2029-2036.

[52] JI R, ZHAI S R, ZHENG W, et al. Enhanced metal-support interactions between Pd NPs and ZrSBA-15 for efficient aerobic benzyl alcohol oxidation[J]. Rsc Advances, 2016, 6 (74): 70424-70432.

[53] KONG L P, WANG C C, GONG F L, et al. Magnetic core-shell nanostructured palladium catalysts for green oxidation of benzyl alcohol[J]. Catalysis Letters, 2016, 146 (7): 1321-1330.

[54] ZAMANI F, HOSSEINI S M. Palladium nanoparticles supported on Fe_3O_4/amino acid nanocomposite: highly active magnetic catalyst for solvent-free aerobic oxidation of alcohols[J]. Catalysis Communications, 2014, 43: 164-168.

[55] WU G J, WANG X M, GUAN N I J, et al. Palladium on graphene as efficient catalyst for solvent-free aerobic oxidation of aromatic alcohols: role of graphene support[J]. Applied Catalysis B-Environmental, 2013, 136: 177-185.

[56] KANDZIOLKA M V, KIDDER M K, GILL L, et al. Aromatic-hydroxyl interaction

of an alpha-aryl ether lignin model-compound on SBA-15, present at pyrolysis temperatures[J]. Physical Chemistry Chemical Physics, 2014, 16 (44): 24188-24193.

[57] ROSTAMNIA S, DOUSTKHAH E, KARIMI Z, et al. Surfactant-exfoliated highly dispersive pd-supported graphene oxide nanocomposite as a catalyst for aerobic aqueous oxidations of alcohols[J]. ChemCatChem, 2015, 7 (11): 1678-1683.

[58] ZHANG P F, GONG Y T, LI H R, et al. Solvent-free aerobic oxidation of hydrocarbons and alcohols with Pd@N-doped carbon from glucose[J]. Nature Communications, 2013, 4: 1593-1603.

[59] TAN H T, CHEN Y, ZHOU C, et al. Palladium nanoparticles supported on manganese oxide-CNT composites for solvent-free aerobic oxidation of alcohols: tuning the properties of Pd active sites using MnO_x[J]. Applied Catalysis B: Environmental, 2012, 119-120：166-174.

[60] MORI K, HARA T, MIZUGAKI T, et al. Hydroxyapatite-supported palladium nanoclusters: a highly active heterogeneous catalyst for selective oxidation of alcohols by use of molecular oxygen[J]. Journal of the American Chemical Society, 2004, 126 (34): 10657-10666.

[61] WU H, ZHANG Q, WANG Y. Solvent-free aerobic oxidation of alcohols catalyzed by an efficient and recyclable palladium heterogeneous catalyst[J]. Advanced Synthesis & Catalysis, 2005, 347 (10): 1356-1360.

[62] CHEN Y, ZHENG H, GUO Z, et al. Pd catalysts supported on $MnCeO_x$ mixed oxides and their catalytic application in solvent-free aerobic oxidation of benzyl alcohol: support composition and structure sensitivity[J]. Journal of Catalysis, 2011, 283 (1): 34-44.

[63] CHOI K-M, AKITA T, MIZUGAKI T, et al. Highly selective oxidation of allylic alcohols catalysed by monodispersed 8-shell Pd nanoclusters in the presence of molecular oxygen[J]. New Journal of Chemistry, 2003, 27 (2): 324-328.

[64] YAMAGUCHI K, MORI K, MIZUGAKI T, et al. Creation of a monomeric Ru

species on the surface of hydroxyapatite as an efficient heterogeneous catalyst for aerobic alcohol oxidation[J]. Journal of the American Chemical Society, 2000, 122 (29): 7144-7145.

[65] ZHAN B-Z, WHITE M A, SHAM T-K, et al. Zeolite-confined nano-RuO_2: a green, selective, and efficient catalyst for aerobic alcohol oxidation[J]. Journal of the American Chemical Society, 2003, 125 (8): 2195-2199.

[66] YAMAGUCHI K, MIZUNO N. Supported ruthenium catalyst for the heterogeneous oxidation of alcohols with molecular oxygen[J]. Angewandte Chemie-International Edition, 2002, 41 (23): 4538-4542.

[67] GAO T Y, CHEN J, FANG W H, et al. Ru/$Mn_XCe_1O_Y$ catalysts with enhanced oxygen mobility and strong metal-support interaction: exceptional performances in 5-hydroxymethylfurfural base-free aerobic oxidation[J]. Journal of Catalysis, 2018, 368: 53-68.

[68] HARUTA M, KOBAYASHI T, SANO H, et al. Novel gold catalysts for the oxidation of carbon monoxide at a temperature far below 0-DEGREES-C[J]. Chemistry Letters, 1987, (2): 405-408.

[69] HUTCHINGS G J. Vapor phase hydrochlorination of acetylene: correlation of catalytic activity of supported metal chloride catalysts[J]. Journal of Catalysis, 1985, 96 (1): 292-295.

[70] WANG H, FAN W, HE Y, et al. Selective oxidation of alcohols to aldehydes/ketones over copper oxide-supported gold catalysts[J]. Journal of Catalysis, 2013, 299: 10-19.

[71] BUONERBA A, CUOMO C, SANCHEZ S O, et al. Gold nanoparticles incarcerated in nanoporous syndiotactic polystyrene matrices as new and efficient catalysts for alcohol oxidations[J]. Chemistry-A European Journal, 2012, 18 (2): 709-715.

[72] FANG W, ZHANG Q, CHEN J, et al. Gold nanoparticles on hydrotalcites as efficient catalysts for oxidant-free dehydrogenation of alcohols[J]. Chemical Communications, 2010, 46 (9): 1547-1549.

[73] BORONAT M, CORMA A. Oxygen activation on gold nanoparticles: separating the

influence of particle size, particle shape and support interaction[J]. Dalton Transactions, 2010, 39 (36): 8538-8546.

[74] FANG W, CHEN J, ZHANG Q, et al. Hydrotalcite-supported gold catalyst for the oxidant-free dehydrogenation of benzyl alcohol: studies on support and gold size effects[J]. Chemistry-A European Journal, 2011, 17 (4): 1247-1256.

[75] ABAD A, CORMA A, GARCÍA H. Catalyst parameters determining activity and selectivity of supported gold nanoparticles for the aerobic oxidation of alcohols: the molecular reaction mechanism[J]. Chemistry-A European Journal, 2008, 14 (1): 212-222.

[76] LIU Y, TSUNOYAMA H, AKITA T, et al. Aerobic oxidation of cyclohexane catalyzed by size-controlled au clusters on hydroxyapatite: size effect in the sub-2 nm regime[J]. ACS Catalysis, 2011, 1 (1): 2-6.

[77] LI T, LIU F, TANG Y, et al. Maximizing the number of interfacial sites in single-atom catalysts for the highly selective, solvent-free oxidation of primary alcohols[J]. Angewandte Chemie International Edition, 2018, 57 (26): 7795-7799.

[78] ZHOU Y H, ZHU Y H, WANG Z Q, et al. Catalytic activity control via crossover between two different microstructures[J]. Journal of the American Chemical Society, 2017, 139 (39): 13740-13748.

[79] ViLLA A, CHAN-THAW C E, VEITH G M, et al. Au on nanosized NiO: a cooperative effect between au and nanosized nio in the base-free alcohol oxidation[J]. ChemCatChem, 2011, 3 (10): 1612-1618.

[80] LIU P, GUAN Y, SANTEN R A V, et al. Aerobic oxidation of alcohols over hydrotalcite-supported gold nanoparticles: the promotional effect of transition metal cations[J]. Chemical Communications, 2011, 47 (41): 11540-11542.

[81] WANG J, LANG X, BAO Z, et al. Aerobic oxidation of alcohols on Au nanocatalyst: insight to the roles of the Ni-Al layered double hydroxides support[J]. Chemcatchem, 2014, 6 (6): 1737-1747.

[82] ZHAO J, YU G, XIN K, et al. Highly active gold catalysts loaded on NiAl-oxide

derived from layered double hydroxide for aerobic alcohol oxidation[J]. Applied Catalysis A: General, 2014, 482: 294-299.

[83] LI L, DOU L, ZHANG H. Layered double hydroxide supported gold nanoclusters by glutathione-capped Au nanoclusters precursor method for highly efficient aerobic oxidation of alcohols[J]. Nanoscale, 2014, 6 (7): 3753-3763.

[84] LV W, TANG D M, HE Y B, et al. Low-temperature exfoliated graphenes: vacuum-promoted exfoliation and electrochemical energy storage[J]. Acs Nano, 2009, 3 (11): 3730-3736.

[85] LI G, ENACHE D I, EDWARDS J, et al. Solvent-free oxidation of benzyl alcohol with oxygen using zeolite-supported Au and Au-Pd catalysts[J]. Catalysis Letters, 2006, 110 (1): 7-13.

[86] WANG S, ZHAO Q, WEI H, et al. Aggregation-free gold nanoparticles in ordered mesoporous carbons: toward highly active and stable heterogeneous catalysts[J]. Journal of the American Chemical Society, 2013, 135 (32): 11849-11860.

[87] WANG S, WANG J, ZHAO Q, et al. Highly active heterogeneous 3 nm gold nanoparticles on mesoporous carbon as catalysts for low-temperature selective oxidation and reduction in water[J]. ACS Catalysis, 2015, 5 (2): 797-802.

[88] WANG L C, LIU Y M, CHEN M, et al. MnO_2 nanorod supported gold nanoparticles with enhanced activity for solvent-free aerobic alcohol oxidation[J]. The Journal of Physical Chemistry C, 2008, 112 (17): 6981-6987.

[89] ABAD A, CONCEPCIÓN P, CORMA A, et al. A collaborative effect between gold and a support induces the selective oxidation of alcohols[J]. Angewandte Chemie International Edition, 2005, 44 (26): 4066-4069.

[90] MEENAKSHISUNDARAM S, NOWICKA E, MIEDZIAK P J, et al. Oxidation of alcohols using supported gold and gold-palladium nanoparticles[J]. Faraday Discussions, 2010, 145 (0): 341-356.

[91] WANG R, WU Z, CHEN C, et al. Graphene-supported Au-Pd bimetallic nanoparticles with excellent catalytic performance in selective oxidation of methanol to methyl

formate[J]. Chem Commun (Camb), 2013, 49 (74): 8250-8252.

[92] WANG H, WANG C, YAN H, et al. Precisely-controlled synthesis of Au@Pd core-shell bimetallic catalyst via atomic layer deposition for selective oxidation of benzyl alcohol[J]. Journal of Catalysis, 2015, 324: 59-68.

[93] DIMITRATOS N, VILLA A, WANG D, et al. Pd and Pt catalysts modified by alloying with Au in the selective oxidation of alcohols[J]. Journal of Catalysis, 2006, 244 (1): 113-121.

[94] PRITCHARD J, KESAVAN L, PICCININI M, et al. Direct synthesis of hydrogen peroxide and benzyl alcohol oxidation using Au-Pd catalysts prepared by sol immobilization[J]. Langmuir, 2010, 26 (21): 16568-16577.

[95] WITTSTOCK A, ZIELASEK V, BIENER J, et al. Nanoporous gold catalysts for selective gas-phase oxidative coupling of methanol at low temperature[J]. Science, 2010, 327 (5963): 319-322.

[96] HUANG X M, WANG X G, WANG X S, et al. P123-stabilized Au-Ag alloy nanoparticles for kinetics of aerobic oxidation of benzyl alcohol in aqueous solution[J]. Journal of Catalysis, 2013, 301: 217-226.

[97] CHEN Y, WANG H, LIU C J, et al. Formation of monometallic Au and Pd and bimetallic Au-Pd nanoparticles confined in mesopores via Ar glow-discharge plasma reduction and their catalytic applications in aerobic oxidation of benzyl alcohol[J]. Journal of Catalysis, 2012, 289: 105-117.

[98] DIMITRATOS N, VILLA A, WANG D, et al. Pd and Pt catalysts modified by alloying with Au in the selective oxidation of alcohols[J]. Journal of Catalysis, 2006, 244 (1): 113-121.

[99] JIANG C, RANJIT S, DUAN Z, et al. Nanocontact-induced catalytic activation in palladium nanoparticles[J]. Nanoscale, 2009, 1 (3): 391-394.

[100] TANG Q, LIU T, YANG Y. Role of potassium in the aerobic oxidation of aromatic alcohols over K^+-promoted Mn/C catalysts[J]. Catalysis Communications, 2008, 9 (15): 2570-2573.

[101] SON Y C, MAKWANA V D, Howell A R, et al. Efficient, catalytic, aerobic oxidation of alcohols with octahedral molecular sieves[J]. Angewandte Chemie-International Edition, 2001, 40 (22): 4280-4283.

[102] SU H, ZHANG K X, ZHANG B, et al. Activating cobalt nanoparticles via the mott-schottky effect in nitrogen-rich carbon shells for base-free aerobic oxidation of alcohols to esters[J]. Journal of the American Chemical Society, 2017, 139 (2): 811-818.

[103] WANG Q, CHEN L, GUAN S, et al. Ultrathin and vacancy-rich CoAl-layered double hydroxide/graphite oxide catalysts: promotional effect of cobalt vacancies and oxygen vacancies in alcohol oxidation[J]. ACS Catalysis, 2018, 8 (4): 3104-3115.

[104] LONG J L, XIE X Q, XU J, et al. Nitrogen-doped graphene nanosheets as metal-free catalysts for aerobic selective oxidation of benzylic alcohols[J]. ACS Catalysis, 2012, 2 (4): 622-631.

[105] ZHU S H, CEN Y L, YANG M A, et al. Probing the intrinsic active sites of modified graphene oxide for aerobic benzylic alcohol oxidation[J]. Applied Catalysis B-Environmental, 2017, 211: 89-97.

[106] MCKEE D W. Catalytic decomposition of methanols over platinum and ruthenium[J]. Transactions of the Faraday Society, 1968, 64 (548P): 2200-2212.

[107] DICOSIMO R, WHITESIDES G M. Oxidation of 2-propanol to acetone by dioxygen on a platinized electrode under open-circuit conditions[J]. The Journal of Physical Chemistry, 1989, 93 (2): 768-775.

[108] KERESSZEGI C, BÜRGI T, MALLAT T, et al. On the role of oxygen in the liquid-phase aerobic oxidation of alcohols on palladium[J]. Journal of Catalysis, 2002, 211 (1): 244-251.

[109] YAMAGUCHI K, MIZUNO N. Supported ruthenium catalyst for the heterogeneous oxidation of alcohols with molecular oxygen[J]. Angewandte Chemie International Edition, 2002, 41 (23): 4538-4542.

[110] YAMAGUCHI K, MIZUNO N. Scope, kinetics, and mechanistic aspects of aerobic oxidations catalyzed by ruthenium supported on alumina[J]. Chemistry-A European Journal, 2003, 9 (18): 4353-4361.

[111] KLUYTMANS J H J, MARKUSSE A P, KUSTER B F M, et al. Engineering aspects of the aqueous noble metal catalysed alcohol oxidation[J]. Catalysis Today, 2000, 57 (1): 143-155.

[112] LACKMANN A, MAHR C, SCHOWALTER M, et al. A comparative study of alcohol oxidation over nanoporous gold in gas and liquid phase[J]. Journal of Catalysis, 2017, 353: 99-106.

[113] CHUNG J S, MIRANDA R, BENNETT C O. Mechanism of partial oxidation of methanol over MoO_3[J]. Journal of Catalysis, 1988, 114 (2): 398-410.

[114] YANG T J, LUNSFORD J H. Partial oxidation of methanol to formaldehyde over molybdenum oxide on silica[J]. Journal of Catalysis, 1987, 103 (1): 55-64.

[115] 雷丽军. 高性能醇类氧化催化剂的设计及反应机理研究[D]. 北京: 中国科学院大学, 2019.

[116] KRESSE G, FURTHMÜLLER J. Efficiency of ab-initio total energy calculations for metals and semiconductors using a plane-wave basis set[J]. Computational Materials Science, 1996, 6 (1): 15-50.

[117] BLÖCHL P E. Projector augmented-wave method[J]. Physical Review B, 1994, 50 (24): 17953-17979.

[118] KRESSE G, HAFNER J. Ab initio molecular dynamics for liquid metals[J]. Physical Review B, 1993, 47 (1): 558-561.

[119] KRESSE G, JOUBERT D. From ultrasoft pseudopotentials to the projector augmented-wave method[J]. Physical Review B, 1999, 59 (3): 1758-1775.

[120] PERDEW J P, BURKE K, ERNZERHOF M. Generalized gradient approximation made simple[J]. Physical Review Letters, 1996, 77 (18): 3865-3868.

[121] FABRIS S, VICARIO G, BALDUCCI G, et al. electronic and atomistic structures of clean and reduced ceria surfaces[J]. The Journal of Physical Chemistry B, 2005, 109

(48): 22860-22867.

[122] ANISIMOV V I, ZAANEN J, ANDERSEN O K. Band theory and Mott insulators: Hubbard U instead of Stoner[J]. Physical Review B, 1991, 44 (3): 943-954.

[123] DUDAREV S L, BOTTON G A, SAVRASOV S Y, et al. Electron-energy-loss spectra and the structural stability of nickel oxide: an LSDA+U study[J]. Physical Review B, 1998, 57 (3): 1505-1509.

[124] PILGER F, TESTINO A, CARINO A, et al. Size control of Pt clusters on CeO_2 nanoparticles via an incorporation-segregation mechanism and study of segregation kinetics[J]. ACS Catalysis, 2016, 6 (6): 3688-3699.

[125] YOSKAMTORN T, YAMAZOE S, TAKAHATA R, et al. Thiolate-mediated selectivity control in aerobic alcohol oxidation by porous carbon-supported Au25 clusters[J]. ACS Catalysis, 2014, 4 (10): 3696-3700.

[126] GUAN H, LIN J, QIAO B, et al. Catalytically active Rh sub-nanoclusters on TiO_2 for CO oxidation at cryogenic temperatures[J]. Angewandte Chemie International Edition, 2016, 55 (8): 2820-2824.

[127] LIU P, ZHAO Y, QIN R, et al. Photochemical route for synthesizing atomically dispersed palladium catalysts[J]. Science, 2016, 352 (6287): 797-801.

[128] QIAO B, WANG A, YANG X, et al. Single-atom catalysis of CO oxidation using Pt1/FeOx[J]. Nature Chemistry, 2011, 3: 634-641.

[129] YANG X F, WANG A, QIAO B, et al. Single-atom catalysts: a new frontier in heterogeneous catalysis[J]. Accounts of Chemical Research, 2013, 46 (8): 1740-1748.

[130] KIM B H, HACKETT M J, PARK J, et al. Synthesis, characterization, and application of ultrasmall nanoparticles[J]. Chemistry of Materials, 2014, 26 (1): 59-71.

[131] TSUNOYAMA H, ICHIKUNI N, SAKURAI H, et al. Effect of electronic structures of Au clusters stabilized by poly (N-vinyl-2-pyrrolidone)on aerobic oxidation catalysis[J]. Journal of the American Chemical Society, 2009, 131 (20): 7086-7093.

[132] TERANISHI T, HOSOE M, TANAKA T, et al. Size control of monodispersed Pt nanoparticles and their 2D organization by electrophoretic deposition[J]. The Journal of Physical Chemistry B, 1999, 103 (19): 3818-3827.

[133] LOPEZ-SANCHEZ J A, DIMITRATOS N, HAMMOND C, et al. Facile removal of stabilizer-ligands from supported gold nanoparticles[J]. Nature Chemistry, 2011, 3: 551-556.

[134] ZHU M, LANNI E, GARG N, et al. Kinetically controlled, high-yield synthesis of Au25 clusters[J]. Journal of the American Chemical Society, 2008, 130 (4): 1138-1139.

[135] SETH J, KONA C N, DAS S, et al. A simple method for the preparation of ultra-small palladium nanoparticles and their utilization for the hydrogenation of terminal alkyne groups to alkanes[J]. Nanoscale, 2015, 7 (3): 872-876.

[136] TOIKKANEN O, RUIZ V, RÖNNHOLM G, et al. Synthesis and stability of monolayer-protected Au38 clusters[J]. Journal of the American Chemical Society, 2008, 130 (33): 11049-11055.

[137] WEARE W W, REED S M, WARNER M G, et al. Improved synthesis of small (dCORE ≈ 1. 5 nm)phosphine-stabilized gold nanoparticles[J]. Journal of the American Chemical Society, 2000, 122 (51): 12890-12891.

[138] VERHO O, ÅKERMARK T, JOHNSTON E V, et al. Well-defined palladium nanoparticles supported on siliceous mesocellular foam as heterogeneous catalysts for the oxidation of water[J]. Chemistry-A European Journal, 2015, 21 (15): 5909-5915.

[139] YIN H, MA Z, CHI M, et al. Activation of dodecanethiol-capped gold catalysts for CO oxidation by treatment with $KMnO_4$ or K_2MnO_4[J]. Catalysis Letters, 2010, 136 (3): 209-221.

[140] YIN H, WANG C, ZHU H, et al. Colloidal deposition synthesis of supported gold nanocatalysts based on $Au-Fe_3O_4$ dumbbell nanoparticles[J]. Chemical Communications, 2008, (36): 4357-4359.

[141] MENARD L D, XU F, NUZZO R G, et al. Preparation of TiO$_2$-supported Au nanoparticle catalysts from a Au13 cluster precursor: ligand removal using ozone exposure versus a rapid thermal treatment[J]. Journal of Catalysis, 2006, 243 (1): 64-73.

[142] O'NEILL B J, JACKSON D H K, LEE J, et al. Catalyst design with atomic layer deposition[J]. ACS Catalysis, 2015, 5 (3): 1804-1825.

[143] LINDBLAD M, LINDFORS L P, SUNTOLA T. Preparation of Ni/Al$_2$O$_3$ catalysts from vapor phase by atomic layer epitaxy[J]. Catalysis Letters, 1994, 27 (3): 323-336.

[144] SETTHAPUN W, WILLIAMS W D, KIM S M, et al. Genesis and evolution of surface species during Pt atomic layer deposition on oxide supports characterized by in situ XAFS analysis and water-gas shift reaction[J]. The Journal of Physical Chemistry C, 2010, 114 (21): 9758-9771.

[145] LU J, STAIR P C. Low-temperature ABC-type atomic layer deposition: synthesis of highly uniform ultrafine supported metal nanoparticles[J]. Angewandte Chemie International Edition, 2010, 49 (14): 2547-2551.

[146] YAN H, CHENG H, YI H, et al. Single-atom Pd1/graphene catalyst achieved by atomic layer deposition: remarkable performance in selective hydrogenation of 1, 3-butadiene[J]. Journal of the American Chemical Society, 2015, 137 (33): 10484-10487.

[147] STRATAKIS M, GARCIA H. Catalysis by supported gold nanoparticles: beyond aerobic oxidative processes[J]. Chemical Reviews, 2012, 112 (8): 4469-4506.

[148] HOU W, DEHM N A, SCOTT R W J. Alcohol oxidations in aqueous solutions using Au, Pd, and bimetallic AuPd nanoparticle catalysts[J]. Journal of Catalysis, 2008, 253 (1): 22-27.

[149] OVERBURY S H, SCHWARTZ V, MULLIM D R, et al. Evaluation of the Au size effect: CO oxidation catalyzed by Au/TiO$_2$[J]. Journal of Catalysis, 2006, 241 (1): 56-65.

[150] LOPEZ-ACEVEDO O, KACPRZAK K A, AKOLA J, et al. Quantum size effects in ambient CO oxidation catalysed by ligand-protected gold clusters[J]. Nature Chemistry, 2010, 2: 329-334.

[151] HAIDER P, KIMMERLE B, KRUMEICH F, et al. Gold-catalyzed aerobic oxidation of benzyl alcohol: effect of gold particle size on activity and selectivity in different solvents[J]. Catalysis Letters, 2008, 125 (3): 169-176.

[152] ZHU S, WANG J, FAN W. Graphene-based catalysis for biomass conversion[J]. Catalysis Science & Technology, 2015, 5 (8): 3845-3858.

[153] GEORGAKILAS V, OTYEPKA M, BOURLINOS A B, et al. Functionalization of graphene: covalent and non-covalent approaches, derivatives and applications[J]. Chemical Reviews, 2012, 112 (11): 6156-6214.

[154] WU D, ZHANG F, LIANG H, et al. Nanocomposites and macroscopic materials: assembly of chemically modified graphene sheets[J]. Chemical Society Reviews, 2012, 41 (18): 6160-6177.

[155] YIN H, TANG H, WANG D, et al. Facile synthesis of surfactant-free Au cluster/graphene hybrids for high-performance oxygen reduction reaction[J]. ACS Nano, 2012, 6 (9): 8288-8297.

[156] SIBURIAN R, KONDO T, NAKAMURA J. Size control to a sub-nanometer scale in platinum catalysts on graphene[J]. The Journal of Physical Chemistry C, 2013, 117 (7): 3635-3645.

[157] CHEN X, WU G, CHEN J, et al. Synthesis of "clean" and well-dispersive Pd nanoparticles with excellent electrocatalytic property on graphene oxide[J]. Journal of the American Chemical Society, 2011, 133 (11): 3693-3695.

[158] CHEN C, YANG Q H, YANG Y, et al. Self-assembled free-standing graphite oxide membrane[J]. Advanced Materials, 2009, 21 (29): 3007-3011.

[159] LV W, TANG D M, HE Y B, et al. Low-temperature exfoliated graphenes: vacuum-promoted exfoliation and electrochemical energy storage[J]. ACS Nano, 2009, 3 (11): 3730-3736.

[160] BALDAN A. Review progress in Ostwald ripening theories and their applications to nickel-base superalloys Part I : Ostwald ripening theories[J]. Journal of Materials Science, 2002, 37 (11): 2171-2202.

[161] VOORHEES P W. The theory of Ostwald ripening[J]. Journal of Statistical Physics, 1985, 38 (1): 231-252.

[162] LI Y, YU Y, WANG J G, et al. CO oxidation over graphene supported palladium catalyst[J]. Applied Catalysis B: Environmental, 2012, 125: 189-196.

[163] SIBURIAN R, NAKAMURA J. Formation process of Pt subnano-clusters on graphene nanosheets[J]. The Journal of Physical Chemistry C, 2012, 116 (43): 22947-22953.

[164] WANG X, WU G, GUAN N, et al. Supported Pd catalysts for solvent-free benzyl alcohol selective oxidation: effects of calcination pretreatments and reconstruction of Pd sites[J]. Applied Catalysis B: Environmental, 2012, 115-116: 7-15.

[165] SU F, TIAN Z, POH C K, et al. Pt nanoparticles supported on nitrogen-doped porous carbon nanospheres as an electrocatalyst for fuel cells[J]. Chemistry of Materials, 2010, 22 (3): 832-839.

[166] YANG D-Q, SACHER E. Strongly enhanced interaction between evaporated Pt nanoparticles and functionalized multiwalled carbon nanotubes via plasma surface modifications: effects of physical and chemical defects[J]. The Journal of Physical Chemistry C, 2008, 112 (11): 4075-4082.

[167] CHEN C H, SARMA L S, CHEN J M, et al. Architecture of Pd-Au bimetallic nanoparticles in sodium bis (2-ethylhexyl) sulfosuccinate reverse micelles as investigated by X-ray absorption spectroscopy[J]. ACS Nano, 2007, 1 (2): 114-125.

[168] SAVARA A, ROSSETTI I, CHAN-THAW C E, et al. microkinetic modeling of benzyl alcohol oxidation on carbon-supported palladium nanoparticles[J]. ChemCatChem, 2016, 8 (15): 2482-2491.

[169] SAVARA A, CHAN-THAW C E, SUTTON J E, et al. Molecular origin of the

selectivity differences between palladium and gold-palladium in benzyl alcohol oxidation: different oxygen adsorption properties[J]. ChemCatChem, 2017, 9 (2): 253-257.

[170] SAVARA A, CHAN-THAW C E, ROSSETTI I, et al. Benzyl alcohol oxidation on carbon-supported Pd nanoparticles: elucidating the reaction mechanism[J]. ChemCatChem, 2014, 6 (12): 3464-3473.

[171] PETER M, FLORES-CAMACHO J M, ADAMOVSKI S, et al. Trends in the binding strength of surface species on nanoparticles: how does the adsorption energy scale with the particle size?[J]. Angewandte Chemie International Edition, 2013, 52 (19): 5175-5179.

[172] FISCHER-WOLFARTH J H, FARMER J A, FLORES-CAMACHO J M, et al. Particle-size dependent heats of adsorption of CO on supported Pd nanoparticles as measured with a single-crystal microcalorimeter[J]. Physical Review B, 2010, 81 (24): 241416-241419.

[173] PILLAI U R, SAHLE-DEMESSIE E. Selective oxidation of alcohols by molecular oxygen over a Pd/MgO catalyst in the absence of any additives[J]. Green Chemistry, 2004, 6 (3): 161-165.

[174] COSTA V V, ESTRADA M, DEMIDOVA Y, et al. Gold nanoparticles supported on magnesium oxide as catalysts for the aerobic oxidation of alcohols under alkali-free conditions[J]. Journal of Catalysis, 2012, 292: 148-156.

[175] ALHUMAIMESS M, LIN Z J, HE Q, et al. Oxidation of benzyl alcohol and carbon monoxide using gold nanoparticles supported on MnO_2 nanowire microspheres[J]. Chemistry-A European Journal, 2014, 20 (6): 1701-1710.

[176] CHEN H, TANG Q H, CHEN Y T, et al. Microwave-assisted synthesis of PtRu/CNT and PtSn/CNT catalysts and their applications in the aerobic oxidation of benzyl alcohol in base-free aqueous solutions[J]. Catalysis Science & Technology, 2013, 3 (2): 328-338.

[177] KIM Y H, HWANG S K, KIM J W, et al. Zirconia-supported ruthenium catalyst for

efficient aerobic oxidation of alcohols to aldehydes[J]. Industrial & Engineering Chemistry Research, 2014, 53 (31): 12548-12552.

[178] MITSUDOME T, NOUJIMA A, MIZUGAKI T, et al. Efficient aerobic oxidation of alcohols using a hydrotalcite-supported gold nanoparticle catalyst[J]. Advanced Synthesis & Catalysis, 2009, 351 (11-12): 1890-1896.

[179] CHOUDHARY V R, DHAR A, JANA P, et al. A green process for chlorine-free benzaldehyde from the solvent-free oxidation of benzyl alcohol with molecular oxygen over a supported nano-size gold catalyst[J]. Green Chemistry, 2005, 7 (11): 768-770.

[180] WANG R, WU Z, CHEN C, et al. Graphene-supported Au-Pd bimetallic nanoparticles with excellent catalytic performance in selective oxidation of methanol to methyl formate[J]. Chem Commun, 2013, 49 (74): 8250-8252.

[181] WANG R Y, WU Z W, WANG G F, et al. Highly active Au-Pd nanoparticles supported on three-dimensional graphene-carbon nanotube hybrid for selective oxidation of methanol to methyl formate[J]. Rsc Advances, 2015, 5 (56): 44835-44839.

[182] UOZUMI Y, NAKAO R. Catalytic oxidation of alcohols in water under atmospheric oxygen by use of an amphiphilic resin-dispersion of a nanopalladium catalyst[J]. Angewandte Chemie International Edition, 2003, 42 (2): 194-197.

[183] TEN BRINK G J, ARENDS I, SHELDON R A. Green, catalytic oxidation of alcohols in water[J]. Science, 2000, 287 (5458): 1636-1639.

[184] ZHOU Y, LI Y, SHEN W. Shape engineering of oxide nanoparticles for heterogeneous catalysis[J]. Chem Asian J, 2016, 11 (10): 1470-1488.

[185] YU Y, WANG X, GAO W, et al. Trivalent cerium-preponderant CeO_2/graphene sandwich-structured nanocomposite with greatly enhanced catalytic activity for the oxygen reduction reaction[J]. Journal of Materials Chemistry A, 2017, 5 (14): 6656-6663.

[186] WU K, SUN L D, YAN C H. Recent progress in well-controlled synthesis of

ceria-based nanocatalysts towards enhanced catalytic performance[J]. Advanced Energy Materials, 2016, 6 (17): 1600501-1600546.

[187] SUN C, LI H, CHEN L. Nanostructured ceria-based materials: synthesis, properties, and applications[J]. Energy & Environmental Science, 2012, 5 (9): 8475-8505.

[188] ABAD A, CONCEPCION P, CORMA A, et al. A collaborative effect between gold and a support induces the selective oxidation of alcohols[J]. Angewandte Chemie International Edition, 2005, 44 (26): 4066-4069.

[189] NOVOSELOV K S, GEIM A K, MOROZOV S V, et al. Two-dimensional gas of massless Dirac fermions in graphene[J]. Nature, 2005, 438 (7065): 197-200.

[190] STANKOVICH S, DIKIN D A, DOMMETT G H B, et al. Graphene-based composite materials[J]. Nature, 2006, 442 (7100): 282-286.

[191] GEIM A K, NOVOSELOV K S. The rise of graphene[J]. Nature Materials, 2007, 6: 183-191.

[192] TAN C, CAO X, WU X-J, et al. Recent advances in ultrathin two-dimensional nanomaterials[J]. Chemical Reviews, 2017, 117 (9): 6225-6331.

[193] COLEMAN J N, LOTYA M, O'NEILL A, et al. Two-dimensional nanosheets produced by liquid exfoliation of layered materials[J]. Science, 2011, 331 (6017): 568-571.

[194] HUANG Z, ZHOU A, WU J, et al. Bottom-up preparation of ultrathin 2d aluminum oxide nanosheets by duplicating graphene oxide[J]. Advanced Materials, 2016, 28 (8): 1703-1708.

[195] GAO S, JIAO X, SUN Z, et al. Ultrathin Co_3O_4 layers realizing optimized CO_2 electroreduction to formate[J]. Angewandte Chemie International Edition, 2016, 55 (2): 698-702.

[196] TAKENAKA S, MIYAKE S, UWAI S, et al. Preparation of metal oxide nanofilms using graphene oxide as a template[J]. The Journal of Physical Chemistry C, 2015, 119 (22): 12445-12454.

[197] PENG L, XIONG P, MA L, et al. Holey two-dimensional transition metal oxide

nanosheets for efficient energy storage[J]. Nature Communications, 2017, 8: 15139-15148.

[198] SUN Y, LIU Q, GAO S, et al. Pits confined in ultrathin cerium (IV) oxide for studying catalytic centers in carbon monoxide oxidation[J]. Nature Communications, 2013, 4: 2899-2906.

[199] SUN Z, LIAO T, DOU Y, et al. Generalized self-assembly of scalable two-dimensional transition metal oxide nanosheets[J]. Nature Communications, 2014, 5: 3813-3820.

[200] DUTTA P, PAL S, SEEHRA M S, et al. Concentration of Ce^{3+} and oxygen vacancies in cerium oxide nanoparticles[J]. Chemistry of Materials, 2006, 18 (21): 5144-5146.

[201] ESCH F, FABRIS S, ZHOU L, et al. Electron localization determines defect formation on ceria substrates[J]. Science, 2005, 309 (5735): 752-755.

[202] JAFFARI G H, IMRAN A, BAH M, et al. Identification and quantification of oxygen vacancies in CeO_2 nanocrystals and their role in formation of F-centers[J]. Applied Surface Science, 2017, 396: 547-553.

[203] LAGUNA O H, ROMERO SARRIA F, CENTENO M A, et al. Gold supported on metal-doped ceria catalysts (M=Zr, Zn and Fe) for the preferential oxidation of CO (PROX) [J]. Journal of Catalysis, 2010, 276 (2): 360-370.

[204] WANG R, WU Z, QIN Z, et al. Graphene oxide: an effective acid catalyst for the synthesis of polyoxymethylene dimethyl ethers from methanol and trioxymethylene[J]. Catalysis Science & Technology, 2016, 6 (4): 993-997.

[205] ZHU H, QIN Z, SHAN W, et al. Pd/CeO_2-TiO_2 catalyst for CO oxidation at low temperature: a TPR study with H_2 and CO as reducing agents[J]. Journal of Catalysis, 2004, 225 (2): 267-277.

[206] MILLER H A, LAVACCHI A, VIZZA F, et al. A Pd/C-CeO_2 anode catalyst for high-performance platinum-free anion exchange membrane fuel cells[J]. Angewandte Chemie International Edition, 2016, 55 (20): 6004-6007.

[207] ZOU J, SI Z, CAO Y, et al. Localized surface plasmon resonance assisted

photothermal catalysis of CO and toluene oxidation over Pd-CeO$_2$ catalyst under visible light irradiation[J]. The Journal of Physical Chemistry C, 2016, 120 (51): 29116-29125.

[208] SMOLENTSEVA E, COSTA V V, COTTA R F, et al. Aerobic oxidative esterification of benzyl alcohol and acetaldehyde over gold supported on nanostructured ceria-alumina mixed oxides[J]. ChemCatChem, 2015, 7 (6): 1011-1017.

[209] MULLEN G M, EVANS E J, SIEGERT B C, et al. The interplay between ceria particle size, reducibility, and ethanol oxidation activity of ceria-supported gold catalysts[J]. Reaction Chemistry & Engineering, 2018, 3 (1): 75-85.

[210] XIN P, LI J, XIONG Y, et al. Revealing the active species for aerobic alcohol oxidation by using uniform supported palladium catalysts[J]. Angewandte Chemie-International Edition, 2018, 57 (17): 4642-4646.

[211] WANG M, WANG F, MA J, et al. Investigations on the crystal plane effect of ceria on gold catalysis in the oxidative dehydrogenation of alcohols and amines in the liquid phase[J]. Chemical Communications, 2014, 50 (3): 292-294.

[212] ZHANG S, CHANG C R, HUANG Z Q, et al. High catalytic activity and chemoselectivity of sub-nanometric Pd clusters on porous nanorods of CeO$_2$ for hydrogenation of nitroarenes[J]. Journal of the American Chemical Society, 2016, 138 (8): 2629-2637.

[213] LI S, ZHU H, QIN Z, et al. Morphologic effects of nano CeO$_2$-TiO$_2$ on the performance of Au/CeO$_2$-TiO$_2$ catalysts in low-temperature CO oxidation[J]. Applied Catalysis B: Environmental, 2014, 144: 498-506.

[214] SI R, FLYTZANI-STEPHANOPOULOS M. Shape and crystal-plane effects of nanoscale ceria on the activity of Au-CeO$_2$ catalysts for the water-gas shift reaction[J]. Angewandte Chemie International Edition, 2008, 47 (15): 2884-2887.

[215] GUAN Y J, MICHEL LIGTHART D A J, PIRGON-GALIN Ö, et al. Gold stabilized by nanostructured ceria supports: nature of the active sites and catalytic performance[J]. Topics in Catalysis, 2011, 54 (5): 424-438.

[216] MAI H X, SUN L D, ZHANG Y W, et al. Shape-selective synthesis and oxygen storage behavior of ceria nanopolyhedra, nanorods, and nanocubes[J]. The Journal of Physical Chemistry B, 2005, 109 (51): 24380-24385.

[217] GUO L W, DU P P, FU X P, et al. Contributions of distinct gold species to catalytic reactivity for carbon monoxide oxidation[J]. Nature Communications, 2016, 7 (1): 13481-13488.

[218] DENG W, FRENKEL A I, SI R, et al. Reaction-relevant gold structures in the low temperature water-gas shift reaction on Au-CeO$_2$[J]. The Journal of Physical Chemistry C, 2008, 112 (33): 12834-12840.

[219] FRENKEL A I, HILLS C W, NUZZO R G. A view from the inside: complexity in the atomic scale ordering of supported metal nanoparticles[J]. The Journal of Physical Chemistry B, 2001, 105 (51): 12689-12703.

[220] WAN J, CHEN W, JIA C, et al. Defect effects on TiO$_2$ nanosheets: stabilizing single atomic site Au and promoting catalytic properties[J]. Advanced Materials, 2018, 30 (11): 1705369-1705376.

[221] WEI X, SHAO B, ZHOU Y, et al. Geometrical structure of the gold-iron (Ⅲ) oxide interfacial perimeter for CO oxidation[J]. Angewandte Chemie International Edition, 2018, 57 (35): 11289-11293.

[222] LEI L, WU Z, LIU H, et al. A facile method for the synthesis of graphene-like 2D metal oxides and their excellent catalytic application in the hydrogenation of nitroarenes[J]. Journal of Materials Chemistry A, 2018, 6 (21): 9948-9961.

[223] NAYA K, ISHIKAWA R, FUKUI K-I. Oxygen-vacancy-stabilized positively charged Au nanoparticles on CeO$_2$ (111) studied by reflection-absorption infrared spectroscopy[J]. The Journal of Physical Chemistry C, 2009, 113 (24): 10726-10730.

[224] AN J, WANG Y, LU J, et al. Acid-promoter-free ethylene methoxycarbonylation over Ru-clusters/ceria: the catalysis of interfacial lewis acid-base pair[J]. Journal of the American Chemical Society, 2018, 140 (11): 4172-4181.

[225] LEI L, WU Z, WANG R, et al. Controllable decoration of palladium

sub-nanoclusters on reduced graphene oxide with superior catalytic performance in selective oxidation of alcohols[J]. Catalysis Science & Technology, 2017, 7 (23): 5650-5661.

[226] SU F Z, LIU Y M, WANG L C, et al. Ga-Al mixed-oxide-supported gold nanoparticles with enhanced activity for aerobic alcohol oxidation[J]. Angewandte Chemie International Edition, 2008, 47 (2): 334-337.

附 录

缩写	英文名称	中文名称
PCC	Pyridine Chlorochromate	氯铬酸吡啶
PCM	*p*-Cymene	异丙基苯甲烷
NHC	N-heterocyclic Carbene	N-杂环卡宾
MCM-41	Hexagonal Ordered Mesoporous SiO_2	六方有序介孔结构 SiO_2
TEMPO	2，2，6，6-Tetramethylpiperidine 1-Oxyl	四甲基哌啶氧化物
GO	Graphene Oxide	氧化石墨烯
HMF	5-Hydroxymethylfurfural	5-羟甲基糠醛
DFF	2，5-Diformylfuran	2，5-二甲酰呋喃
SBA-15	Mesoporous SiO_2 with Two-dimensional Hexagonal Through-hole Structure	二维六方通孔结构的介孔 SiO_2
NaX	Na Zeolite X	Na 型 X 分子筛
TOF	Turnover Frequency	转换频率
AC	Activated Charcoal	活性炭
CNT	Carbon Nanotubes	碳纳米管
Gr	Graphene	石墨烯
Pd（0）	Pd Metal with Zero Valence	零价 Pd 金属
Pd（II）	Divalent Pd Ion	二价 Pd 离子
FDCA	Furan Dicarboxylic Acid	呋喃二甲酸
HT	Hydrotalcite	水滑石
DFT	Density Functional Theory	密度泛函理论
FCC	Face-centered Cubic Structure	面心立方结构

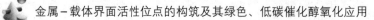

续表

缩写	英文名称	中文名称
HAP	Hydroxyapatite	羟基磷灰石
Cu-HT	Cu Ion Exchange Hydrotalcite	Cu 离子交换的水滑石
Zn-HT	Zn Ion Exchange Hydrotalcite	Zn 离子交换的水滑石
Mn-HT	Mn Ion Exchange Hydrotalcite	Mn 离子交换的水滑石
Co-HT	Co Ion Exchange Hydrotalcite	Co 离子交换的水滑石
Fe-HT	Fe Ion Exchange Hydrotalcite	Fe 离子交换的水滑石
Ni-HT	Ni Ion Exchange Hydrotalcite	Ni 离子交换的水滑石
Cr-HT	Cr Ion Exchange Hydrotalcite	Cr 离子交换的水滑石
Co-Al-HT	Co-Al Hydrotalcite	Co-Al 水滑石
XPS	X-ray Photoelectron Spectroscopy	X 射线光电子能谱
SEM	Scanning Electron Microscope	扫描电子显微镜
rGO	Reduced Graphene Oxide	还原氧化石墨烯
Au@Pd	Au Core Pd Shell Structure	Au 核 Pd 壳结构
P123	Polyethylene Oxide-polypropylene oxide-polyethylene Oxide	聚环氧乙烷-聚环氧丙烷-聚环氧乙烷三嵌段共聚物
K-OMS-2	K-type Mn-based Octahedral Molecular Sieve	K 型的 Mn 基八面体分子筛
H-K-OMS-2	H-type Mn-based Octahedral Molecular Sieve	H 型的 Mn 基八面体分子筛
O_2-TPD	O_2-Temperature Programmed Desorption	氧气程序升温脱附
AR	Analytically Pure	分析纯
GC	Gas Chromatography	气相色谱
X	Alcohol Conversion	醇类氧化的转化率
S_P	Product Selectivity	产物选择性
n_{Pd}	Molar Number of Pd in Catalyst	催化剂中 Pd 的摩尔数
ICP-OES	Inductively Coupled Plasma Optical Emission Spectrometer	电感耦合等离子体元素发射光谱仪
FESEM	Field Emission Scanning Electron Microscope	场发射扫描电子显微镜
TGA	Thermal Gravimetric Analyzer	热重分析仪
XRD	X-ray Diffraction	X 射线衍射

缩写	英文名称	中文名称
BET	Brunauer-Emmett-Teller Method	Brunauer-Emmett-Teller 方法
BJH	Barrett-Joyner-Halenda Method	Barrett-Joyner-Halenda 方法
XAS	X-ray Absorption Spectrum	X 射线吸收谱
XANES	X-ray Absorption Near Edge Structure	X 射线近边吸收谱
FTIR	Fourier Transform Infrared Spectroscopy	傅里叶变换红外光谱
TEM	Transmission Electron Microscope	透射电镜
HAADF-STEM	High-angle Annular Dark Field-Scanning Transmission Electron Microscope	高角环形暗场 – 扫描透射电镜
BE	Binding Energy	结合能
AFM	Atomic Force Microscope	原子力显微镜
H_2-TPR	H_2-Temperature Programmed Reduction	H_2-程序升温还原
TCD	Temperature Programmed Desorption	程序升温脱附
MS	Mass Spectrum	质谱
CO-DRIRTs	CO-Diffuse Reflectance Infrared Spectrum	CO-漫反射红外光谱
EA	Elemental Microanalysis	元素分析仪
VASP	Vienna Ab-initio Simulation Package	维也纳从头算模拟包
PBE	Perdew-Burke-Ernzerhof Function	Perdew-Burke-Ernzerhof 函数
GGA	Generalized Gradient Approximation	广义梯度近似
PVP	Polyvinylpyrrolidone	聚乙烯吡咯烷酮
PVA	Polyvinyl Alcohol	聚乙烯醇
ALD	Atomic Layer Deposition	原子层沉积
EXAFS	Extended X-ray Absorption Fine Structure	延伸 X 射线吸收精细结构
EDS	Energy Dispersive Spectroscopy	能量散色光谱
Pd/rGO-E-NR	No Reduced PD/rGO-E	未还原的 Pd/rGO-E
CN	Coordination Number	配位数
N_{total}	Total Coordination Number	总配位数
ΔE	Inner Core Correction	内核能量校正
σ^2	Debye-Waller Factor	Debye-Waller 因子

续表

缩写	英文名称	中文名称
TFT	Trifluorotoluene	三氟甲苯
NS-CeO$_2$	CeO$_2$ Nanosheets	CeO$_2$ 纳米片
B-CeO$_2$	Bulk CeO$_2$	体相 CeO$_2$
EDX	Energy Scattering X-ray Fluorescence Spectrometer	能量散射型 X 射线荧光光谱
Ov	Oxygen vacancies	氧空位
EISA	Evaporation Induced Self-assembly	溶剂挥发诱导自组装
CeO$_2$-NR	CeO$_2$ Nanorods	二氧化铈纳米棒
Au-SA	Gold Single Atom	金单原子
Au-NC	Gold Nanoclusters	金纳米团簇
Au-NP	Gold Nanoparticles	金纳米颗粒